Bibliografische Information der Deutschen Nationalbibliothek:

Die Deutsche Bibliothek verzeichnet diese Publikation in der Deutschen Nationalbibliografie; detaillierte bibliografische Daten sind im Internet über http://dnb.d-nb.de/ abrufbar.

Impressum:

Druck und Bindung: Books on Demand GmbH, Norderstedt Germany
ISBN: 978-3-668-14009-7

Dieses Buch bei GRIN:

http://www.grin.com/de/e-book/283360/die-folgen-des-tourismus-in-namibia-chancen-und-risiken-eines-entwicklungslandes

Cornelia Haldenwang

Die Folgen des Tourismus in Namibia. Chancen und Risiken eines Entwicklungslandes

GRIN Verlag

Die Folgen des Tourismus in Namibia. Chancen und Risiken eines Entwicklungslandes

Cornelia Haldenwang

Inhaltsverzeichnis

Einleitung

Reisen nach und in Namibia beginnt mit den kurzen „Besuchen“ portugiesischer Seefahrer Ende des 15. Jahrhunderts. Auch holländische Forschungsreisen Mitte des 17. Jahrhunderts hatten noch keine nachhaltige Wirkung. In größerem Umfang wurde Südwest-Afrika erst im 19. Jahrhundert durch Missionare, Entdecker und Händler bereist. Als deutsches Schutzgebiet erfuhr Südwest-Afrika seit 1884 die Einwanderung von Siedlern, die Entdeckung und Ausbeutung von Bodenschätzen sowie den Ausbau eines Straßen- und Eisenbahnnetzes. Die Basis für eine Infrastruktur, die Reisen in nennenswertem Umfang ermöglicht, war damit gelegt.

Auch wenn für diese Zeit von Freizeit- und Erholungstourismus noch kaum die Rede sein kann und das Reisen überwiegend geschäftlichen Interessen diente, fallen die Anfänge der Beherbergungsindustrie auch in diese Zeit und blicken somit auf eine 100 Jahre alte Tradition zurück. Urlaubs- und Erholungsreisen, also Tourismus im engeren Sinn, kamen in Namibia in größerem Umfang erst nach dem 2. Weltkrieg und unter südafrikanischer Verwaltung auf. Damals wie heute bildete die großartige Landschaft mit ihrer Flora und Fauna die Basis dafür.

Den Grundstein für die touristische Nutzung der Landschaft in Form von Safaris legte ein Herr Kallie Zimmer, der in Zusammenarbeit mit der wissenschaftlichen Gesellschaft Touren mit offenem Lastwagen durch die Landschaft Namibias anbot. Aus diesen Fahrten entwickelten sich später die sogenannten „SWA-Safaris“, die bis heute existieren. In dieser Zeit wurden auch die ersten Busreisen durchs Land von der Abteilung für Busse der südafrikanischen Eisenbahngesellschaft organisiert, die später von der Gesellschaft der „Trans Namib Tours“ übernommen wurden. Seit Beginn der 70er Jahre werden geführte Busreisen auch von der bis heute bestehenden Organisation „Oryx Tours“ angeboten.

Die Gründung des Amtes für Naturschutz und Tourismus im Jahr 1963 trug der Bedeutung des Tourismus für die wirtschaftliche Entwicklung Namibias Rechnung und leistete einen nicht unerheblichen Beitrag zu seiner Entwicklung.[1] Die Einrichtung von Restcamps in den staatlichen Wildreservaten datiert ebenso wie das Aufkommen von Gästefarmen weit vor die Zeit der Unabhängigkeit Namibias.[2]

---

[1] Vgl. Halbach, 1989, S. 1.

[2] Vgl. Weck, 1994, S. 43.

Im Vergleich der Jahre können wir ein stetiges Wachstum der Besucher aus dem Ausland hinweg erkennen. Dies betrifft die Gesamtzahl, aber auch uneingeschränkt die Touristen aus afrikanischen Ländern. Für Europa, darunter Deutschland als bedeutendstem Ursprungsland nichtafrikanischer Touristen, sowie für Nordamerika ist jeweils für das Jahr 2001 ein leichter Rückgang der Besucherzahlen gegenüber 1998 zu erkennen. Gegenüber 1991 hat sich die Zahl ausländischer Touristen bis 2001 mehr als verdreifacht. Gegenüber dem Jahr 1988, lt. Lamping mit 100.000 Touristen das „beste Vorunabhängigkeitsjahr“, fast versiebenfacht.[3]

Nicht jeder ausländische Reisende trägt allerdings im selben Maß zum wirtschaftlichen Nutzen Namibias bei. Im Allgemeinen machen Touristen aus Europa und Nordamerika in wesentlich größerem Maß von den touristischen Angeboten Gebrauch als Besucher aus den afrikanischen Nachbarländern.

1. Die Auswirkungen des Tourismus in Namibia

1.1 *Wirtschaftliche Auswirkungen*

Seit der Unabhängigkeit Namibias erlebte der Tourismus einen enormen Aufschwung.[4] Der Dienstleistungssektor macht den größten Anteil des BIP aus, wie die Grafik verdeutlicht. Von 1996 bis 2002 stieg der Anteil der Dienstleistungen um 5% während er in den anderen Sektoren abnahm.

Abb. 1: Anteile der Wirtschaftssektoren am BIP 2002

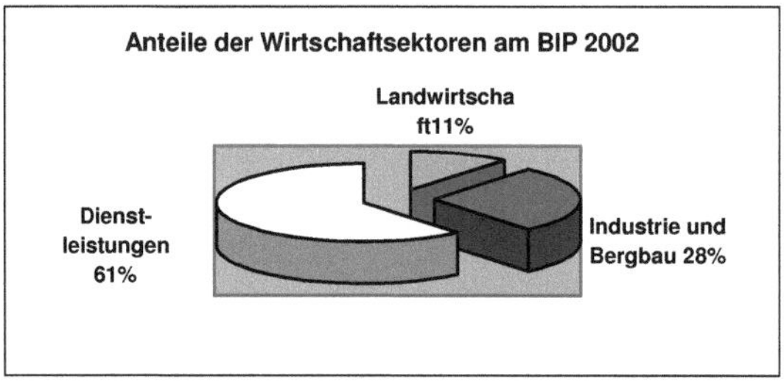

Quelle: Spiegel online. „Jahrbuch 2003. Namibia“[5]

[3] Vgl. Lamping, 1996, S. 7.

[4] Vgl. Holm-Petersen, 1997, S. 93.

[5] Vgl. Spiegel online. „Jahrbuch 2003. Namibia“. <http://www.spiegel.de/jahrbuch/0,1518,NAM,00.html> (15.03.03).

Der Tourismussektor ist der größte Hoffnungsträger der nachkolonialen Wirtschaftsentwicklung, da er schon jetzt allein mit 7% am BIP beteiligt und mit ca. 1 Milliarde N$ der drittgrößte Devisenbringer Namibias ist.[6] Bisher liegen Bergbau und Fischerei noch vor dem Tourismus. Doch wird für die Zukunft ein weiterer Anstieg prognostiziert. Die untenstehende Grafik verdeutlicht die Bedeutungszunahme der Deviseneinnahmen aus dem Tourismus, wobei insbesondere der sprunghafte Anstieg nach der Unabhängigkeit ins Auge fällt.

Abb. 2: Deviseneinnahmen aus dem Tourismus von 1998 bis 2001

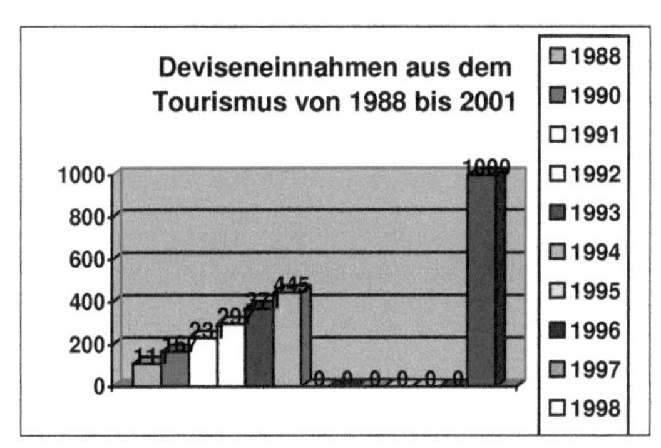

Quelle: Kainbacher, 1995 und Pack, 2002[7]

Ein weiteres Indiz dafür ist der enorme Anstieg der Anzahl von Beherbergungsbetrieben. So stellte sich bei einer stichprobenartigen Umfrage (CH-2002/2003 unter Einheimischen) zu den Entstehungsdaten verschiedener Tourismusunternehmen heraus, dass allein 12 von 16 Unternehmen ihren Betrieb nach 1990 aufgenommen hatten.

Momentan sind ca. 24.000 Menschen direkt oder indirekt in der Tourismusbranche beschäftigt, was bei einer Bevölkerungszahl von rund zwei Millionen Einwohnern einen Anteil von 1,2 % ausmacht.[8]

Insbesondere finden junge Menschen aus dem bevölkerungsreichen Norden des Landes innerhalb des Tourismus eine Arbeitsstelle. Viele von ihnen sind das ganze Jahr über in den am meisten touristisch erschlossenen Städten wie Windhoek, Swakopmund, Walvis Bay und

---

[6] Vgl. Pack, 2002, S. 156.

[7] Kainbacher, 1995, S. 111; Pack, 2002, S. 156. Von den Jahren 1995 bis 2001 liegen keine Daten vor.

[8] Vgl. Pack, 2002, S. 156.

Lüderitz tätig, während ihre Familien weiterhin im Norden wohnen und von diesem Gehalt leben. Nur zu Weihnachten können sie es sich leisten, mit einem Sammeltaxi nach Hause zu fahren, um ihre Familien zu besuchen. Zur Veranschaulichung, wie wichtig der Tourismussektor zur Schaffung weiterer Arbeitsplätze ist, soll das Schicksal eines schwarzen Reiseleiters des Reiseunternehmens „Oryx Tours“ dienen: Der Reiseleiter muss mit seinem Gehalt seine gesamte Großfamilie mit 14 Personenernähren, da er der einzige ist, der einer geregelten Arbeit nachgeht.[9]

Der relativ hohe Anteil an deutschen Touristen in Namibia – im Jahr 2001 kamen von den aus Europa stammenden Touristen allein 47,2% aus Deutschland[10] – bewirkt vor allem, dass die in Ostdeutschland aufgewachsenen sog. „DDR-Kinder“ als Reiseleiter oder in führenden Positionen innerhalb des Tourismusmanagements eine Arbeitsstelle bekommen.

Auf seiner Reise ist der Tourist auf weitere Dienstleistungen angewiesen, wie z. B. Reisebüros, Beherbergungen, Transportmöglichkeiten etc., so dass hier Auswirkungen auf die lokale Wirtschaft zu verzeichnen sind. Als Beispiel soll die Tankstelle in Aus und der einzige Lebensmittelladen in der Stadt dienen, die an einem Sonntag im Dezember 2002 extra für einen Reisebus mit 30 Touristen öffneten.[11]

Die Saisonalität berührt Namibia nicht so stark, da zwar 30,2% aller Touristen Namibia zwischen den Monaten Juli und September bereisen, aber beispielsweise in den heißen Sommermonaten Dezember und Januar die nationalen und südafrikanischen Touristen die kühleren Küstenstädte aufsuchen. Damit haben viele in der Tourismusbranche Tätige das ganze Jahr über eine geregelte Arbeit.

Außerdem findet ein Ausgleich regionaler Disparitäten statt, weil Regionen, die beispielsweise früher von der Karakul-Schafzucht lebten und verarmten, jetzt durch den expandierenden Tourismus wieder aufgewertet werden.

---

[9] Aussage eines ehemaligen Reiseleiters von „Oryx Tours“ während eines Interviews über die Auswirkungen des Tourismus am 20.12.02.

[10] Vgl. Springer, Dirk. „Tourismusindustrie weiterhin im Aufwind“. *Allgemeine Zeitung online,* 20.11.2002. <http://www.az-namibia.com/az/artikel/az-…1.php4?rubrik=lokales&artikelnummer=1815> (25.11.02).

[11] Angaben anhand eigener Beobachtungen bei einem Aufenthalt in Aus im Dezember 2002.

1.2 *Agrargeographische Auswirkungen*

Eine intensive Bewirtschaftung des Landes ist wegen des fehlenden Niederschlags nur bedingt möglich. Außerdem betreiben meist nur die Weißen eine marktorientierte Landwirtschaft. Auch der Süden des Landes, der vor 30 Jahren wegen der Karakulschaftzucht für die Landwirtschaft interessant war, hat einen starken Einbruch wegen der oben beschriebenen Gründe erlitten. Vor diesem Hintergrund sollen nun die Auswirkungen des Tourismus näher beleuchtet werden.

Weitaus mehr Geld als die Landwirtschaft, bringt das Tourismusgeschäft. Aus diesem Grund haben viele Farmer Gästefarmen hergerichtet. Neben ihrem landwirtschaftlichen Betrieb nehmen sie eine begrenzte Anzahl von Gästen auf, so dass ihre Farmen durch die zusätzlichen Geldeinnahmen überleben können. Um sie touristisch attraktiver zu gestalten, bieten die Farmer Wildbeobachtungsfahrten, die sog. „Game Drives“ und Jagdsafaris an.

Gerade der Jagdtourismus ermöglicht den Farmern, private Naturschutzgebiete in Form von sog. „Conservancies“ zu errichten. Es werden die Farmgebiete verschiedener Farmer zusammengeschlossen, um mehr Lebensraum für die Tiere und ein größeres Jagdrevier zu schaffen. Dabei entstehen oftmals Jagdgebiete von über 100.000 ha. Zielgedanke ist dabei, den Wildbestand dieses Gebiets gemeinsam zu hegen, ein größeres Jagdrevier zu erhalten und eine regulierte Wildtierhaltung zu ermöglichen. Dabei soll gewährleistet werden, dass vom Aussterben bedrohte Tierarten gemeinsam geschützt werden können. Nach dem Vorbild der Zusammenschließung von kommerziellem Farmland durch die Gästefarmer folgt mittlerweile ein Zusammenschluss von kommunalem Land seitens der schwarzen Bevölkerung, so dass immer mehr „Conservancies“ entstehen.[12]

Da die Zahl der Touristen stetig steigt, und da die Gäste aus den unterschiedlichsten Ländern anreisen, haben sich viele Beherbergungsbetriebe auf landestypische Kost der Touristen spezialisiert. Damit wird eine Vielfalt an landwirtschaftlichen Produkten angebaut, unter anderem sogar Spargel.[13]

Eine weitere positive Auswirkung des Tourismus auf die Landverteilung ist, dass man, um die Urlauber und Geschäftsreisenden, die die hauptsächlichen Devisenbringer sind, nicht abzuschrecken, noch kein kommerzielles Farmland gewaltsam enteignet hat.

---

[12] Vgl. Heß, 2001, S. 30.

[13] Vgl. Boudon, 2001, S. 7.

Negativ zu bewerten ist die Abwanderungsbewegung der Jugendlichen aus den marginalen Gebieten, wie z. B. dem Ovamboland, in die Städte Windhoek, Swakopmund und Walvis Bay. Sie suchen hier eine Arbeitsstelle, meist in der Tourismusbranche. Dies zeigt die Umfrage unter den Einheimischen (CH 2002/2003) deutlich. Alle Befragten, von denen die meisten in Swakopmund arbeiteten, kamen ursprünglich aus dem Norden des Landes. Um dieser Landflucht entgegenzuwirken, werden u. a. Programme der Organisation „NACOBTA" zur Stärkung der kommunalen Tourismusindustrie entwickelt. Damit überwiegen die positiven Einflüsse des Tourismus auf die Landwirtschaft.

1.3 *Bevölkerungs- und sozialgeographische Auswirkungen*

Einerseits trägt der Tourismus durch das Zusammentreffen verschiedener Völker, Religionen und Anschauungen zum Verständnis fremder Kulturen bei, andererseits ergeben sich daraus aber auch negative Folgen, die oftmals erst im Nachhinein wahrgenommen werden.

So nahmen am Anfang der 90er Jahre, der Beginn des expandierenden Tourismus, noch viele Einheimische die Touristen als ihre persönlichen Gäste auf ihren Farmen auf. Sie verlangten kein Geld dafür. Das hat sich ins Gegenteil gewandelt. Durch die zunehmende Zahl der Touristenankünfte hat sich mittlerweile ein zweckrationales Verhältnis entwickelt. In erster Linie werden die Touristen als Geldgeber angesehen. Die Kontakte zu den schwarzen Einheimischen bestehen überwiegend darin, dass die Touristen entweder die Schwarzen auf dem Foto als „Souvenir" mit nach Hause nehmen wollen, oder sie als hilflose, bettelnde Menschen ansehen, denen sie Geld aus Mitleid geben.

Letzteres wirft ein – für den unbedarften Urlauber unverständlich – großes Problem auf. Der Reiseleiter P. Hennes berichtet, dass er vor ca. zehn Jahren noch kein bettelndes Kind in den Dörfern oder an Tankstellen gesehen habe. In den letzten Jahren nimmt dies aber stark zu. Der Grund liegt bei den Touristen, die ihr Kleingeld gern an die „armen schwarzen Kinder" verteilen. In den Köpfen der Kinder setzt sich fest, dass man Geld viel leichter erhält, wenn man einfach nur bettelnd die Hand aufhält, als arbeiten zu gehen.

Problematischer sieht es bei den Himbas aus. Wenn sie von den Touristen besucht wurden, verlangten sie früher als Gegenleistung für ein Foto Maismehl, Zucker oder Tabak. Heute fordern sie fast ausschließlich Geld oder alkoholische Getränke. Vor 1990 war es den Himbas fast unmöglich, Alkohol zu bekommen, heute sind viele abhängig davon, so dass oftmals die Kriminalitätsrate unter den Arbeitslosen steigt.

Weil in Namibia der exklusive Tourismus gefördert wird, vergrößert sich der Unterschied zwischen der armen Bevölkerung und den reichen Touristen stark. Der Anblick des aus der Sicht der Einheimischen verschwenderisch, luxuriös lebenden Urlaubers reizt entweder zur Nachahmung oder lässt die Einheimischen unzufrieden werden, so dass Neid und Haß entstehen. Wie der Extremfall solcher Disparitäten aussehen kann, wurde an dem Mord der deutschen Touristin Renate Gruber im September 2002 deutlich.[14] Zudem werden die sozialen Unterschiede auch innerhalb der Tourismusbranche sichtbar – die meisten Angestellten im Tourismus sind überwiegen schwarz, die Besitzer der Tourismusbetriebe hauptsächlich weiß – und evozieren somit zusätzlich soziale Spannungen.

Der Tourismus hat ebenfalls Einfluss auf die Familienstrukturen. Obwohl viele Arbeitslose Namibier in den städtischen Tourismuszentren Arbeit finden, lässt sich dadurch parallel ein Zerfall traditioneller Familienstrukturen feststellen. Einzelne Familienmitglieder leben oftmals durch die weiten Entfernungen zwischen Wohnort und Arbeitsplatz über Monate lang getrennt von ihrer Familie. Dass dies von vielen in der Tourismusbranche tätigen Einheimischen als hauptsächlicher Nachteil gesehen wird, zeigte die Aussage eines Angestellten (Umfrage CH-2002/2003). Der Familienvater gab an, dass das Hauptproblem, das der Tourismus mit sich bringe, das Getrenntsein von seiner Familie sei. Er habe jetzt schon zum zweiten Mal Weihnachten ohne seine Familie feiern müssen.

Wie an den Himbas aufgezeigt, lässt sich auf der einen Seite ein Verfall der kulturellen Identität feststellen. Auf der anderen Seite führt der Tourismus aber auch zu einer „Rückbesinnung auf die eigene kulturelle Herkunft". Durch die Projekte des „Community Based Tourism" der Organisation „NACOBTA" erhält die eigene Kultur mit ihren Bräuchen wieder einen Stellenwert. Innerhalb des „Community Based Tourism" nimmt die Gemeinde einer bestimmten Region die Stelle des Touristikunternehmens ein. Sie ist dafür verantwortlich, dass die touristische Infrastruktur ausgebaut wird und die Gewinne aus dem Fremdenverkehr der einheimischen Bevölkerung zugute kommen. Dabei ist die Gemeinde weiterhin dafür verantwortlich, dass die Umwelt durch den Tourismus nicht zerstört wird. Zu den ersten nach dem Konzept des „Community Based Tourism" entstandenen Dörfern zählt das traditionelle Dorf Lizauli im Caprivi-Zipfel. In diesem Dorf leben ca. 13 einheimische Personen, die den Touristen gegen ein monatliches festgelegtes Gehalt ihr traditionelles

---

[14] Vgl. Heussen, Sven. „Späte Initiative". *Allgemeine Zeitung online*, 17.09.2002. <http://www.az-namibia.de/artikel/az-artikel.php4?rubrik=lokales&artikelnummer=1622> (05.02.03).

Dorfleben „vorführen". In einer Kunst- und Handwerksgalerie werden die von der einheimischen Bevölkerung hergestellten Souvenirs verkauft.[15]

Ein weiteres positives Beispiel ist das traditionelle Dorf der Gästefarm „Muramba Bushman Trails". Den San, denen durch die Einzäunung ihrer früheren Jagdgebiete im Zuge der Errichtung von Naturparks oder Farmen ihre Lebensgrundlage genommen wurde, wird somit durch die Vermarktung ihres traditionellen Dorfes ein neuer Lebensraum geschaffen. Sie können durch touristische Führungen in ihrem Dorf, Herstellen von Werkzeugen und Lebensmitteln etc. ihr traditionelles Leben weiterführen und außerdem ihren Lebensunterhalt verdienen. Zudem wird durch solche Projekte „der innere Zusammenhang der einheimischen Bevölkerung gefestigt – durch die Betonung des ‚Wir' (Einheimische) gegenüber dem ‚Sie' (Gäste, Besucher, Touristen)" – und die Wiedergewinnung sozialer Anerkennung gefördert[16].

Doch kann sich die Vermarktung der schwarzen Kultur auch negativ auswirken, so dass ein „Zooeffekt" entsteht, indem die Einheimischen als touristisch sehenswerte „Objekte" und weniger als gleichwertige Menschen seitens der Touristen wahrgenommen werden.

1.4 *Siedlungsgeographische Auswirkungen*

Bisher hat sich die Ausweitung des Tourismus außer in Windhoek noch nicht negativ, in Form von Hochhäusern und großen Hotelanlagen, auf die Siedlungsstruktur ausgewirkt. Neue Projekte, wie die Schaffung weiterer Feriendörfer sind in Planung, wobei aber auf bewusste Anpassung an die vorhandenen Siedlungsstrukturen und die Landschaft geachtet wird.

Kleine Lodges und Gästefarmen werden der Landesstruktur angepasst und sind zudem weniger kapitalintensiv als große Beherbergungsbetriebe.[17] Beispielhaft soll die „Twyfelfontein Lodge" an dieser Stelle genannt werden. Die Lodge wurde direkt an den Felsen gebaut und die Dächer mit Stroh und Gräsern gedeckt. Keine auffällige, landesuntypische Bauweise weist auf die Lodge hin, allein die Hinweisschilder zur Lodge an den Rändern der Pad machen auf sie aufmerksam.

Die kleineren Städte Malthahöhe und Aus liegen an den Hauptverkehrsstraßen, die von vielen Touristen benutzt werden. Mittelpunkt der Städte ist meist eine Tankstelle gekoppelt mit dem Verkauf von Ersatzreifen, eine Post und ein Lebensmittelladen. Durchreisende nutzen die

---

[15] Vgl. Kesselmann, 2001, S. 138.

[16] Opaschowski, 1996, S. 56.

[17] Vgl. Speich, 1994, S. 64.

Gelegenheit, wichtige Dinge zu erledigen, so dass die Besitzer der Tankstellen und Lebensmittelläden davon profitieren.

Wie der Tourismus sich positiv auf die Struktur einer Stadt auswirken kann, wird an Lüderitz verdeutlicht. Durch die Errichtung der sog. „Waterfront", d. h. dem Bau von Hotels, einem dreistöckigem Gebäude mit Geschäfts- und Büroräumen und einem Restaurant direkt am Hafen, dem sog. „Harbour Square", soll dem wachsenden Tourismus entgegengekommen werden. Zusätzlich wird eine Einkaufspassage mit 16 kleineren Geschäften gebaut, die auf einen offenen Platz direkt am Hafen führt. Da der bisherige Jachthafen bei der vorgelagerten Haifischinsel den wachsenden Zahlen der Touristen nicht mehr entspricht, soll dieser in den Hafen von Lüderitz verlegt werden.[18] Im Mai 2002 wurde bereits der im Zuge dieses Projekts errichtete „Market Square" – ausgestattet mit fünf Büros, acht Läden und verschiedenen Wohnungen – der oberhalb des Hafens Richtung Stadtkern liegt, eingeweiht. Hier soll noch einmal das „Nest Hotel" als positives Beispiel erwähnt werden. In der verlassenen Hafengegend ist eine „attraktive Erholungslandschaft entstanden"[19].

Dieses „Waterfront Projekt", mit staatlichen Geldern in Höhe von ca. 33 Millionen N$ finanziert, ist schon bis zu einem Drittel fertig gestellt (Juli 2002).[20] In Verbindung mit diesem Projekt haben Berliner Architekten und Tourismusexperten bis Ende 2004 innerhalb eines Naturschutzgebietes am Diazpoint (ca. 20 km von Lüderitz entfernt) ein Designerhotel mit einer neuen Form des „Natur- und Wellnesstourismus" geplant.[21] Dass dies Auswirkungen auf die gesamte Siedlungsstruktur von Lüderitz und Umgebung – und sicher auch auf die Natur –haben wird, ist selbstverständlich.

1.5 *Verkehrsgeographische Auswirkungen*

Um auch weitere Gebiete mit Verkehrsmitteln gut erreichen zu können und um die sog. „Touristenpilgerreisen" entlang der „typischen" Sehenswürdigkeiten aufzulockern, sind neue asphaltierte Straßen geplant. Viele Touristen fahren vorwiegend auf asphaltierten Straßen und besuchen deshalb nur die an diesen Straßen gelegenen Sehenswürdigkeiten. Nachrichten über die hohe Zahl an Verkehrstoten und die enorm hohe Zahl an Reifenpannen führen dazu, dass

---

[18] Vgl. Pack, 2002, S. 228;

[19] Opaschowski, 1996, S. 56.

[20] Vgl. Kanzler, 2002, S. 12-13.

[21] Vgl. Heß, 2001, S. 30.

manche Selbstfahrer-Touristen die „Pads“ meiden. Andererseits werden so viele Touristen schon im Voraus da von abgehalten, das Land zu bereisen.

Da das Land über wenige öffentliche Verkehrsverbindungen verfügt, muss man auf teure Leihwagen oder Flugreisen zurückgreifen. Dies können sich manche Touristen, beispielsweise junge „Rucksacktouristen“, die mobil sein wollen, aus finanziellen Gründen nicht erlauben.

Um den Touristen beispielsweise die Fahrt zum Sossusvlei zu erleichtern, wurde mit deutscher Finanzierungshilfe vor 2 Jahren ein Projekt der Arbeitsbeschaffungsmaßnahme gestartet. Eine Teerstraße wurde nach Sossusvlei gebaut, die aber jetzt schon enorme Mängel aufweist. Der Grund ist, dass diese Strecke durch den Massenandrang der Touristen sehr beansprucht wird, zudem aber von unqualifizierten Arbeitern nachlässig gebaut wurde. Nach Meinung einheimischer Experten wurden die Gelder verschwendet. Für den gleichen finanziellen Aufwand hätte man mit qualifizierten Arbeitern eine viel bessere Straße bauen können.[22]

Die steigende Zahl der Touristen führt außerdem zu einer Ausweitung der Flugverbindungen, so dass immer mehr private Landebahnen entstehen. Dies macht deutlich, dass das hauptsächlich von den Touristen genutzte Verkehrsmittel in Zukunft das Flugzeug sein wird.

Seit einigen Jahren wird das vorhandene Eisenbahnnetz durch den „Desert Express“ und den „Shongololo Express“ für den Tourismus genutzt. Weitere Projekte zum Ausbau des Eisenbahnnetzes zugunsten der Touristen sind in Planung.

1.6 *Ökologische Auswirkungen*

Die ökologischen Wirkungen des Tourismus sind im Allgemeinen negativ zu bewerten. Enorme Naturschäden entstehen dadurch, dass sich viele Selbstfahrertouristen nicht an die vorgeschriebenen Wege halten und mit ihren Autos eigene Wege suchen. Dabei wird das sensible Ökosystem der am Boden lebenden Flechten zerstört. Noch nach Jahren sind die Schäden, in Form sichtbare Autospuren, zu finden.

Ein weiteres umweltschädliches Problem ist die durch den Tourismus bedingte vermehrte Müllproduktion. Da es nur in Windhoek, Swakopmund und Walfish Bay Mülldeponien gibt, in denen Recyclingfirmen Flaschen, Papier und Metall aussortieren, wird der übrige Müll

---

[22] Aussage eines Namibiers während der Fahrt zum Sossusvlei.

einfach auf Mülldeponien gelagert. Diese Verbrennungsdeponien werden von Zeit zu Zeit mit Sand zugedeckt und schließlich planiert, so dass der Müll nicht mehr sichtbar, wohl aber für das Grundwasser und die Umwelt schädlich ist.

Was die Abwasserentsorgung betrifft, so kann diese nur in den größeren Städten wird das Abwasser in Kläranlagen gereinigt. Auf dem Land wird es einfach in Gruben geleitet, in denen das Wasser verdunstet.

In der weiten Landschaft fallen dem einzelnen Beobachter die Schäden, die durch die Touristen entstehen, oftmals nicht direkt auf. Für jeden ersichtlich werden sie jedoch, wenn viele Touristen einfach wild in der Natur campen und ihren Müll in der freien Natur liegen lassen. Einige Wasserstellen der Tiere wurden zeitweilig durch das unbedachte Verhalten von Touristen verseucht, weil diese sich nach einem heißen, staubigen Tag in der Wüste ein Bad gönnten und dabei Shampoo benutzten.

Im Etoscha-Park ziehen sich die Tiere immer weiter zurück, weil der Andrang der Touristen mit ihren PKW in der Hochsaison so groß ist, dass die Autos dicht gedrängt um die Wasserstellen parken.

Die verschiedenen sportlichen Angebote wie Quadbiking, Dunesurfing oder einfach nur das Besteigen der Dünen verursachen erhebliche Schäden im sensiblen Ökosystem der Wüste. Auch die Wassersportmöglichkeiten wie Wildwasser-, Kanu- und Motorbootfahren, Surfen oder Segeln haben negative Auswirkungen auf das ökologische Gleichgewicht des Meeres und der Flüsse.

Im Folgenden wird aufgezeigt, wie der Tourismus mit dafür verantwortlich ist, dass der Wassermangel in Namibia noch verstärkt wird.

Gemäß der Umfrage (CH-2002/2003) gaben allein 43 von 73 befragten Touristen an, eine Rundreise durch ganz Namibia innerhalb von 14 bis 21 Tagen zu unternehmen. Der Rundreisetourismus beinhaltet, dass Reisenden meist nur eine Nacht an einem Standort verbringen, um die großen Entfernungen zwischen den weit auseinander liegenden Sehenswürdigkeiten innerhalb von 14 bis 21 Tagen zurücklegen zu können. Dies führt zu einem enormen Anstieg des Wasserverbrauchs, da Bad- und Bettwäsche täglich gewaschen werden müssen. Damit erübrigen sich auch die Hinweise in den Hotels, möglichst Wasser zu sparen, indem die Handtücher möglichst mehrmals benutzt werden sollen. In entlegenen, extrem ariden Gebieten der Wüste entsteht zusätzlich ein enormer Aufwand. So muss die

Wäsche beispielsweise von der „Sossusvlei Lodge“ täglich nach Windhoek zum Waschen gebracht wird, da in Sossusvlei nicht genügend Wasser vorhanden ist. Gleichzeitig hat aber diese Lodge ein Swimmingpool und einen künstlich bewässerten Rasen. Die Einheimischen nehmen diese Wasserverschwendung größtenteils in Kauf, um die Touristen anzulocken, da ein grüner Rasen mehr Touristen anzieht, als der zum ursprünglichen Landschaftsbild gehörende Wüstenstaub.

Ein weitere Anstieg des Wasserverbrauchs durch den Tourismus ist die Errichtung von Golfplätzen in besonders trockenen Regionen, da der Rasen, um überhaupt wachsen zu können, täglich bewässert werden muss.

Besonders drastisch zeigt sich der immense Wasserverbrauch seitens der Touristen und der Wassermangel bei der einheimischen Bevölkerung in Windhoek: Die meisten Hotels besitzen ein eigenes Swimmingpool, bewässerte Gärten und große Grünflächen, während die Einwohner an den Randgebieten von Katatura, die kein fließendes Wasser besitzen, aus öffentlichen Wassertanks ihr Wasser in Eimern holen müssen.

Auf der anderen Seite ist Namibia laut Kesselmann „das erste Land der Welt, das die Erhaltung und Schonung der Natur und der Lebewesen in der Verfassung verankert hat“[23]. In Namibia stehen allein 15% der Landesfläche unter Naturschutz.[24]

Um die Natur zu schützen wurden die sog. „Permits“ eingerichtet. So dürfen Besucher nur dann ein Naturschutzgebiet besuchen, wenn sie am Eingang zu dem jeweiligen Naturschutzgebiet gegen ein Eintrittsgeld die Erlaubnis zum Betreten des Naturreservoirs erhalten haben. Zudem verpflichten sie sich dadurch, bestimmte Regeln zum Schutz der Umwelt einzuhalten, indem sie nur auf den vorgeschriebene Wegen fahren dürfen, um die Erosion der Landschaft und Abschreckung der Tiere zu verhindern.

Obwohl der Tourismus viele negative Auswirkungen auf die Umwelt hat, soll am Konzept des Sanften Tourismus im Namib-Rand-Naturschutzgebiet gezeigt werden, wie der Tourismus sich zugunsten der Landschaft und Tiere auswirkt.

Das heutige 150.000 ha große Namib-Rand-Natuschutzgebiet liegt ca. 400 km südwestlich von Windhoek und grenzt südlich von Sossusvlei an den Namib-Naukluft Park. Es gehört zu

---

[23] Kesselmann, 2001, S. 131.

[24] Vgl. Pack, 2002, S. 156.

den größten privaten Naturschutzgebieten des südlichen Afrikas. Ursprünglich war dieses Gebiet als Farmland zur Viehzucht genutzt worden. Nach einer andauernden Dürreperiode in den 80er Jahren wurde den Farmern bewusst, dass diesem Land in Zukunft durch Überweidung großen Schaden zugefügt werden würde. Als einzige Einnahmequelle blieb ihnen nun nur noch die Wildtierjagd. Da aber die Tierbestände immer geringer wurden, schlossen sich die verschiedenen Farmer dieses Gebietes zusammen und gründeten mit Hilfe der neu entstandenen Gesellschaft „Namib Desert Trails" ein Naturschutzgebiet. Dabei wurden die Farmzäune abgeschafft, Wasserstellen angelegt und die Anzahl der Pads verringert, damit die Tiere und die Pflanzen sich wieder erholen konnten. Um dieses Naturschutzgebiet auch in Zukunft finanzieren zu können, werden heute mittels der in Windhoek stationierten Unternehmen "Namib Rand Safaris" und „Nature Friend Safaris" geführte Safaris für Naturliebhaber und Flug- und Heißluftballonsafaris angeboten. In ferner Zukunft sollen die laufenden Kosten dieses Parks durch Eintrittsgelder der Touristen und vor allem durch die Konzessionsvergabe an bestimmte Safariunternehmen gedeckt werden. Um den Schutz der Landschaft mit ihrer Flora und Fauna auch in ferner Zukunft zu gewährleisten, werden ständige Kontrollen der Tierbestände, der Tierwanderungen und vor allem der Safariunternehmen auf umweltschonendes Verhalten hin durchgeführt. Zudem existiert innerhalb des Reservats eine Forschungsstation, um dieses Gebiet zu durchdringen und neue Methoden zugunsten des Umweltschutzes zu entwickeln.[25]

Auch das Gebiet nördlich der Skelettküste darf zugunsten der Natur nicht mit dem Auto befahren werden. Es ist nur mittels einer „Fly-In-Safari" zugänglich.

Die vorgestellten Maßnahmen zeigen deutlich, dass man sich des gefährdeten Ökosystems bewusst ist. Jetzt gilt es, diese Maßnahme in der Zukunft konsequent durchzuführen und auszuweiten, damit der Tourismus sich nicht selbst seiner Grundlagen beraubt.

---

[25] Vgl. Kesselmann, 2001, S. 141-146.

2. Die Zukunft des Tourismus in Namibia – Chancen und Risiken

In diesem Kapitel werden einige Konzepte vorgestellt, wie ein nachhaltiger Tourismus in Namibia gewährleistet werden kann, damit das in der Nationalhymne besungene „contrasting beautiful Namibia"[26] oder auch im Südwesterlied[27] beschriebene geliebte Land erhalten bleibt und die Einwohner des Landes mit in den Tourismus einbezogen werden können.

Ein Ansatz, um die einheimische Bevölkerung zu integrieren, ist das von der 1995 gegründeten Vereinigung „Namibian Community Based Tourism Association" (NACOBTA) erarbeitete Konzept des *„Community Based Tourism"*.

Als ein Vorzeigeprojekt für einen nachhaltigen Tourismus sei das NACOBTA-Projekt „The North West Tourism Options Planning Projekt" zur touristischen Erschließung des Nordwestens genannt. Das seit 1994 geplante und seit August 2002 umgesetzte Projekt hat sich zum Ziel gesetzt, ein Tourismuskonzept in dieser abgeschiedenen „Wildnis" umzusetzen, damit die Umwelt mit ihrem sensiblen Ökosystem geschont und die einheimische Bevölkerung maßgeblich mit einbezogen wird. Um einen optimalen Schutz der Natur zu erreichen, setzten sich Vertreter der privaten Tourismusindustrie mit Vertretern der staatlichen Betriebe und Naturschutzbehörden in Arbeitskreisen zusammen, um potentielle touristische Angebote des Nordwestens von Namibia herauszuarbeiten und deren Umsetzung zu planen. Vor allem soll die einheimische Bevölkerung in der Planung und Leitung der touristischen Angebote, die vor allem in der Ausweitung des Beherbergungsangebots bestehen sollen, einbezogen werden. Weiterhin sind Projekte wie Ausstellungen oder Freilichtmuseen über die Kultur der Himbas, Souvenirläden, in denen selbstangefertigte, kulturtypische Souvenirs der Himba verkauft werden, in Planung.

Eine Maßnahme, um die Natur zu schonen, ist die Festlegung markierter Zonen, auf denen Touristen mit ihren Allradfahrzeugen nur fahren dürfen, um so das Ökosystem der am Boden wachsenden Flechten nicht zu zerstören. Zudem sollen Touristen, die in den nächsten Jahren dieses Gebiet bereisen werden, wissen, dass die einheimische Bevölkerung durch die Urlauber direkten Nutzen ziehen wird.[28]

---

[26] Deutsch Namibische Gesellschaft e.V. „Nationalhymne".
<http://www.dngev.de/gesell/land/lexikon/h/hymne.jpg> (30.11.02).

[27] Deutsch Namibische Gesellschaft e.V. „Das Südwesterlied".
<http://www.dngev.de/gesell/land/lexikon/s/südwest.htm> (30.11.02).

[28] Vgl. Davidson, 2002/2003, S. 29.

Zusammenfassend lässt sich feststellen, dass die hauptsächlichen Ziele dieses Konzepts folgende sind: eine Ausweitung der Beherbergungskapazitäten durch touristische Erschließung und Aufwertung entlegener Gebiete, um somit die Haupttouristenstandorte zu entlasten und die Umwelt nicht einseitig zu belasten, den Einheimischen an ihrem Heimatstandort ein Einkommen zu ermöglichen und die Landflucht zu minimieren..

Die Voraussetzung für eine Einbeziehung der einheimischen Bevölkerung in die Tourismusbranche ist eine qualifizierte Ausbildung, was im folgenden näher erläutert wird.

Momentan sind die verschiedenen Tourismusbetriebe immer noch überwiegend in den Händen der weißen Minderheit. Obwohl Mergner schon im Jahr 1994 dieses Problem treffend mit den Worten „qualifizierte Tätigkeiten und unternehmerische Verantwortung sind weiß, unqualifizierte Tätigkeiten und die Objekte der touristischen Neugierde sind schwarz" beschreibt, hat sich bis heute an diesem Verhältnis zwischen der weißen und schwarzen Bevölkerungsschicht nicht viel geändert.

Um die schwarze Bevölkerung mit einzubeziehen sind gezielte Schulungen in den grundlegenden Fähigkeiten notwendig, wie z. B. der Umgang mit Kunden, Motivationstraining der Angestellten zur Ausübung ihres spezifischen Berufs etc. notwendig. Dadurch, dass es keine große Anzahl an Angestellten mit einer Ausbildung in den grundlegenden Fähigkeiten gibt, ist es schwierig, auszuwählen, wer fähig ist, gehobene Positionen im Management einzunehmen. Innerhalb der großen Hotels in Namibia werden bereits hotelspezifische Fortbildungen durchgeführt, die aber meist nur für die eigenen Angestellten zugänglich sind. Da es bisher nur einige Programme gibt, um die Angestellten im Tourismus in abgelegnen ländlichen Gebieten, Campingplätzen oder Rastlagern zu fördern, wird es für die Zukunft sinnvoll sein, diese Programme zur Förderung der einheimischen Bevölkerung auszuweiten. Vermehrte mobile Fortbildungsprogramme in den einzelnen Lodges der ländlichen Regionen beispielsweise durchgeführt von den Organisationen „Hospitality Training Centre" (HTC) und „Namibian Academy of Tourism and Hospitality" (NATH) werden das Qualitätsniveau der touristischen Einrichtungen in Namibia erhöhen können.[29]

[29] Vgl. Jenkins, 2000, S. 115-118.

Da die Analphabetenquote noch immer bei 30 Prozent liegt, müssten für einen Großteil der Bevölkerung anstelle von schriftlichen Prüfungen mündliche und praktische Prüfungen für Berufe, in denen die Beherrschung der Schriftsprache keine unbedingte Voraussetzung ist, verlangt werden. Projekte in Form des „Schuldorfs Baumgartsbrunn" müssten staatlich gefördert werden, um eine vielseitige und staatlich anerkannte Ausbildung im Hotelfachbereich zu ermöglichen.

Die Eröffnung der Hotelfachschule in Swakopmund durch das Unternehmen „Namibia Hotel" in Verbindung mit dem „Tourism Training College" im Laufe des Jahres 2003 ist ein bedeutender Schritt in diese Richtung. Diese Schule bietet u. a. ein Studium im Bereich des Hotelmanagements und Computerkurse nach international anerkannten Qualifikationen an.[30]

Ein großes Problem bei der Einbeziehung der einheimischen schwarzen Bevölkerung in den Tourismus ist das Aufeinandertreffen unterschiedlichster Kulturen sowohl innerhalb der Tourismusbetriebe, wo schwarze und weiße Namibier miteinander zusammenarbeiten, als auch beim Kontakt den Touristen mit den Angestellten des Tourismus.

Dies bedeutet, dass durch die Ausweitung des Tourismus vermehrt verschiedene Kulturen mit ihrem jeweiligen Ethnozentrismus, d. h. der Favorisierung der eigenen soziokulturellen, ethnischen oder nationalen Gemeinschaft, aufeinandertreffen. So bedeutet beispielsweise der Begriff „Nama" „die eigentlichen wahren Menschen"[31]. Diese Bezeichnung für einen Stamm ist Indiz dafür, dass für Eingeborene wie die Nama, ursprünglich die Menschheit an den Grenzen des eigenen Stammes, der gleichen Sprachgruppe oder manchmal sogar des eigenen Dorfes endete.

Wenn somit zwei Anhänger einer jeweils sehr unterschiedlichen Kultur mit ihren Deutungsmustern, die andere Kultur nicht verstehen, können sich auf beiden Seiten Vorurteile und Stereotype bilden, die nicht immer negativ sein müssen.[32]

Ziel eines Tourismus, der der Völkerverständigung dient und die Kultur der Einheimischen bewahrt, könnte eine Aufklärung in Form von Broschüren, Filmen oder Reiseführern etc.

---

[30] Vgl. Schalkwyk, 2003, S. 6.

[31] Iwanowski, 2002, S. 123.

[32] Vgl. dazu Ladmiral/Lipiansky, 2000, S. 133-136.

sein, die sowohl bei den Touristen als auch bei den Einheimischen die ethnozentrischen Verhaltensmuster bewusst macht, um negative Vorurteile zu brechen.[33]

Auch das Verhältnis von weißen Namibiern und schwarzen Namibiern könnte auf diese Weise optimiert werden, da es innerhalb der interkulturellen Zusammenarbeit im Tourismus immer wieder zu Schwierigkeiten kommt.

Ein Schritt dahin, dass der Tourismus in Einklang und nicht in Konkurrenz mit der einheimischen Bevölkerung stehen darf, könnte innerhalb des Jagtourismus realisiert werden, was folgendes Beispiel veranschaulichen soll:

Im Dezember 2002 ging Präsident Sam Nujoma mit gutem Beispiel voran und erjagte im Etoscha-Park Tiere, deren Fleisch er der armen, hungernden Bevölkerung zur Verfügung stellte. Diese eher symbolische Handlung könnte aber eine neue Zielsetzung für die Trophäenjagd sein, bei der es den aus den reichen Industrienationen kommenden Jägern meist nur um die Trophäe und weniger um das teure, schwer zu exportierende Fleisch geht. Dieses erjagte könnte zu annehmbaren Preisen an die einheimische Bevölkerung abgegeben werden, so dass diese sich nicht von den Jägern ihrer Nahrung beraubt sehen.[34]

Ein Projekt zur Förderung des Tourismus im Einklang mit ökonomischen und ökologischen Aspekten ist das von den Ländern des südlichen Afrikas durch die Organisation „Peace Parks Foundation“ (1997) gegründete Projekt der sog. *„Peace Parks“*, das von der Organisation „SAFRI“[35], einer Initiative der deutschen Wirtschaft unterstützt wird. Der Begriff „Peace Parks“ beinhaltet die Errichtung grenzüberschreitender Naturreservate als Zeichen für eine friedliche Zusammenarbeit verschiedener Länder des südlichen Afrikas. Ein weiters Ziel dieser Errichtung der grenzüberschreitenden Parks ist die Schaffung von nachhaltigen ökologischen Reservaten, indem mehr Lebensraum für Pflanzen und Tiere durch die Zusammenlegung mehrer Parks entsteht.

---

[33] Dass auch nach der Politik der Apartheid Vorurteile innerhalb der namibischen Bevölkerung gegenüber einer anderen Ethnie vorhanden sind, zeigte ein Gespräch mit einer deutschen Namibierin am 4. Januar 2003 in Walvis Bay. Die Tatsache, dass die Schwarzen beispielsweise aufgrund ihrer Lebensweise nur daran gewöhnt sind, für ihren täglichen Bedarf zu arbeiten und einen Termin nicht auf die Minute genau einhalten, während die deutschstämmigen Namibier meistens fleißig und vorsorgend arbeiten und auf zudem auf Pünktlichkeit achten, deutete diese Frau als vermeintliche Faulheit und Unpünktlichkeit der Schwarzen.

[34] Vgl. Heinrich, Dirk. „Präsident jagt in Etoscha“. *Allgemeine Zeitung online*, 20.12.2002. <http://www.az.com.na/az/artikel/az-artikel.php4?rubrik=lokales&artikelnummer=1910> (05.05.03).

[35] Der Begriff „SAFRI“ ist eine Abkürzung für die „Südliches Afrika Initiative“ der deutschen Wirtschaft.

Positive Auswirkungen für den Tourismus sind, dass durch diese Naturreservate die Touristenzahlen gesteigert werden könnten, was der im Jahr 2000 eröffnete Kgalagadi-Park in Botswana und Südafrika zeigt. Die Parks sollen in Zukunft als touristische Anziehungspunkte die Tourismuswirtschaft des südlichen Afrikas ankurbeln und die Staaten des südlichen Afrikas zu einer großen Region zusammenwachsen zulassen, so dass Touristen ohne Probleme an den Grenzübergängen verschiedene Länder auf einer Reise besuchen können.

Für Namibia sind derzeit zwei grenzüberschreitende Parks in Planung: Zum einen der „Richtersveld-Ais-Ais-Park", der ein Zusammenschluss zwischen dem Fish-River Canyon Park in Namibia und dem Richtersveld National Park in Südafrika sein soll, und zum anderen der „Upper-Zambezi-Okavango-Park" der den östlichen Tel des Caprivi mit den Ländern Botswana, Simbabwe und Sambia verbinden soll.[36]

Als weiteres Beispiel für einen umweltschonenden Tourismus soll an dieser Stelle der *Reisegruppentourismus* genannt werden, obwohl dieser innerhalb der Tourismuskritik oftmals mit einer „Käseglockenatmosphäre" oder als „Kaffeefahrt" beschrieben wird.[37] Vorteil solch einer geführten Reise ist, dass fachkundige Reiseleiter den Touristen die Landschaft mit ihrer Flora und Fauna und ihrem Ökosystem erklären, auf umweltschonendes Verhalten hinweisen und gleichzeitig das Verhalten der Touristen kontrollieren können. Vor allem sollen die Rundreisen innerhalb relativ kleiner Regionen des Landes gefördert werden, damit die Touristen innerhalb solch einer Reise mehrere Tage an einem Standort verbringen können und lernen, das Land zu „genießen" und nicht nur auf Zeit zu „konsumieren".[38] Ein Interview mit Urlaubern, die im Dezember 2002 eine 14-tägige geführte Namibiarundreise erlebt hatten, zeigte, wie sehr enttäuscht sie von dieser Reise waren. Sie hatten erinnerten sich rückblickend hauptsächlich an die strapazierende Hitze, den Staub, Durst und endlos lange Fahrten.

Im Gegensatz zu diesen Gruppenreisen steht der Individualtourismus, dessen Vorteil laut Mundt ist, einen „viel direkteren Blick für die Umgebung" zu haben und die bessere Möglichkeit, Kontakt zu den Einheimischen und deren Kultur aufnehmen zu können[39]. Ein Nachteil des Individualtourismus ist aber, dass das verhalten der Touristen in entlegenen Gebieten wie dem Kaokoland nicht überprüft werden kann und nur die negativen Folgen

---

[36] Vgl. Peace Parks Foundation. „Profile.Objectives". <http://www.peaceparks.org/> (06.06.03).

[37] Vgl. Mundt, 2001, S. 192.

[38] Vgl. Speich, 1994, S. 72.

[39] Mundt, 2001, S. 191.

gespürt werden, da z. B. 30 Touristen in einem Bus weniger Spuren hinterlassen als 40 Individualtouristen in 20 Mietwagen.

Um beide Arten des Tourismus weiterhin nebeneinander bestehen lassen zu können, wäre es sinnvoll, die Touristen auf die Gefahren und Vorteile ihrer Reiseart vor Antritt der Reise in Form von Informationsbroschüren oder Hinweisen von Seiten des Reiseleiters, aufmerksam zu machen.

Ein weiteres Ziel der Tourismusindustrie zur Förderung der regionalen Wirtschaft unter Einbeziehen der Bevölkerung ist die Ausweitung des abgeleiteten Angebots einzelner Standorte. Um den *regionalen Tourismus* stärker in den Blick der Touristen zu rücken, sollte das Ziel der Werbung sein, nicht möglichst viele Bilder oder Reiseberichte zu veröffentlichen, in denen alle touristischen Höhepunkte vom Etoscha-Park über Sossusvlei bis zum Fish-River-Canyon oder sogar bis zum Caprivi-Gebiet vorgestellt werden. Als negatives Beispiel für diese Art von Werbung sei eine Karte der Zeitschrift „Travel News Namibia" genannt, auf der die „wichtigsten" Reisziele Namibias aufgeführt werden.[40]

Als vielseitige und vor allem informative Werbung über die verschiedenen Landschaften der Regionen Namibias mit ihren Menschen sei die Broschüre „Namibia. Land der Kontraste" genannt.[41] Trotz vielseitiger Informationen ermüdet sie den Leser nicht mit Faktenwissen, sondern „Stimmungen und Bilder sorgen dafür, dass er das Land sieht, hört, riecht und sogar schmeckt".

Als weiteres Medium der Werbung einzelner Touristenbetriebe sei das Internet genannt. Durch die relativ hohe Anzahl an zitierten Internetseiten soll gezeigt werden, dass das Internet ein Medium mit Zukunft besonders für solche Touristen ist, die sich ihre Reise selbst zusammenstellen möchten. Bei der Umfrage (CH-2002/2003) wurde deutlich, dass allein 18 % von 39 Touristen, die ihre Reise selbst zusammengestellt hatten, diese komplett über das Internet gebucht hatten. Durch das Internet werden die Barrieren, die aufgrund der Entfernung von den Heimatländern der Urlauber zum Zielgebiet Namibia entstehen, ohne enormen Kostenaufwand und Zeitverlust überwunden. So kann man u. a. per Email bei den meisten namibischen Beherbergungsbetrieben direkt Unterkünfte reservieren und mit den Inhabern kommunizieren. Zudem kann man sich übers Internet umfassend über die Geographie

[40] Vgl. Schalkwyk, 2003, S. 4.

[41] Namibia Tourism Board, 2003, S. 1- 22.

Namibias und über die neueste politische und wirtschaftliche Situation kundig machen, indem man beispielsweise die Zeitungen „Namibian News“ oder die „Allgemeine Zeitung“ im Internet lesen kann. Gästebücher der verschiedenen Homepages der Beherbergungsunternehmen erleichtern die Entscheidung der Unterkunftswahl bei der Planung einer Namibiareise, da sie über die Qualität der spezifischen Beherbergungsunternehmen Auskunft geben.

In dem nun folgenden Teil dieses Kapitels werden die größten Probleme des Landes und deren Risiken für den Tourismus beschrieben, um schließlich Lösungsansätze für einen dauerhaften Tourismus in Namibia aufzuzeigen.

Bei der Umfrage (CH-2002/2003) wurden 73 Touristen u. a. danach gefragt, was wohl das größte Problem Namibias sei. Allein 37 % der Befragten entschieden sich dafür, dass *Aids* das größte Problem Namibias sei.

Dies macht deutlich, dass allein die Angst der Touristen vor einer Infektion, dem zukünftigen Tourismus Namibias enormen Schaden zufügen könnte. In einem Artikel der Zeitung „Die Zeit“ vom 8. Mai 2003 zeigt der Autor Bartholomäus Grill auf, welche düstere Zukunft die Staaten des südlichen Afrikas erleben, wenn der Epidemie Aids nicht wirksam durch geldliche Mittel entgegen gekommen wird. Interessanter Weise wird in diesem Bericht nicht auf Namibia eingegangen, obwohl in Namibia mittlerweile jeder vierte innerhalb der schwarzen Bevölkerung mit HIV infiziert ist. Im Folgenden soll auf diesen Zeitungsartikel aber trotzdem kurz eingegangen werden, da Namibia – obwohl nicht explizit erwähnt – genauso von der Aidsproblematik im südlichen Afrika betroffen ist und die Rate der Infizierten bisher weiterhin steigt.

Der Meinung des Autors dieses Artikels käme es einer Bagatellisierung von Aids gleich, würde man die bisher gezählten 430 Todesfälle, verursacht durch SARS, mit Aids vergleichen, woran laut Statistik ca. 6.300 Afrikaner pro Tag sterben. Da die meisten im erwerbstätigen Alter unter 40 sterben, gehen somit ein Großteil der Arbeitskräfte verloren, die Produktivität, die Kaufkraft gehen zurück. Zukünftig würden demnach die Wirtschaftskrisen Afrikas hauptsächlich durch Aids verursacht. Treffend wird der Arbeitsausfall durch die Todesursache Aids durch ein Zitat eines Managers der Barclay's Bank ausgedrückt: ‚Wir bilden inzwischen für jede höhere Position drei Leute aus‘[42]. Der Zeitungsartikel endet mit

[42] Vgl. Grill, 2003, S. 14.

den Worten eines UN-Sonderbeauftragten für Aids in Afrika, Stephen Lewis, der aufzeigt, dass durch den Terror am 11. September 2001, bei dem 3.000 Menschen starben, sofort von Hunderten von Milliarden Dollar zur Bekämpfung des Terrorismus gesprochen wurde, während Aids im Jahr 2001 allein 2,3 Millionen den Tod brachte „und man um ein paar hundert Millionen Dollar bitten und betteln muß"[43].

Zusammenfassend kann man feststellen, dass es sowohl im dringenden Interesse der Tourismusbranche Namibias als auch im Interesse der Urlauberstaaten ist, sich für eine finanzielle Unterstützung zur Bekämpfung der Aidsproblematik einzusetzen, um auch in Zukunft in einem wirtschaftlich starken Namibia Urlaub machen zu können ohne die Angst haben zu müssen, sich zu infizieren.

Ein weiteres Problem Namibias ist der *Mangel an Wasser*. Es stellt sich deshalb die Frage, wie der Tourismus in dem wasserärmsten Land südlich der Sahara weiterhin bestehen kann. Da der Tourismus in Konkurrenz zu der einheimischen Bevölkerung – was die Wasserversorgung angeht – steht, ist es wichtig, weitere Möglichkeiten der Trinkwassergewinnung zu finden, damit Konflikte zwischen Touristen und Einheimischen vermieden werden können.

Ein Lösungsansatz zur Erhaltung der jetzigen Wasserressourcen könnte eine Aufklärungskampagne in Form von Informationsschriften in Reiseprospekten und Faltblättern der einzelnen Beherbergungsbetriebe sein, in denen aufgezeigt wird, dass aus Gründen der Wasserknappheit u. a. auf einen grünen, bewässerten Rasen verzichtet wird. Dass den Touristen das Problem der Wasserversorgung bewusst ist, wird darin deutlich, dass 36 % bei der Umfrage (CH-2002/2003) angaben, der Mangel an Wasser sei das größte Problem Namibias. Wichtig ist deshalb, dass der Sensibilisierung für die Probleme des Landes auch das Handeln folgt.

Im folgenden soll aufgezeigt werden, dass die Errichtung von Meerwasserentsalzungsanlagen ein zusätzlicher Wasserlieferant sein könnte. Der Bau solcher Anlagen könnte aber zum einen nur durch die geldlichen Mittel ausländischer Investoren geschehen und zum anderen nur durch Bereitstellung der benötigten Energie, um Meerwasserentsalzungsanlagen überhaupt betreiben zu können.

---

[43] Vgl. Grill, 2003, S. 14.

Ein Tourismus mit Zukunft kann deshalb nur dann bestehen, wenn in Namibia - neben der AIDS- und Wasserproblematik - ein weiteres großes Problem, die *Energieversorgung des Landes*, in Zukunft auf umweltschonende Weise gelöst wird.

Ein namibischer Reiseleiter fasste die Wasser- und Energieproblematik des Landes folgendermaßen zusammen: Das Hauptproblem Namibias ist ein Geldproblem, denn wenn schon für die Nutzung der vorhandenen Energieressourcen wie z. B. für den Abbau des Kudugases oder die Instandhaltung und Optimierung der vorhandenen Staudämme kein Geld da sei, wie sollte die Regierung dann erst Geld für alternative Energieformen und Meerwasserentsalzungsanlagen haben.[44]

Momentan herrscht eine ungleiche Energieverteilung im Land, so dass viele Menschen in Namibia gar keinen Zugang zum Stromnetz haben, wie in den sog. „Squattersiedlungen" von Windhoek oder in entlegenen Gebieten wie dem Kaokoland. Diese Menschen versuchen deshalb, aus den vorhandenen Materialien Energie zu gewinnen, so dass es zu einem übermäßigen Verbrauch von Biomasse in Form von Holz etc. kommt. Der Beauftragte der UNO-Umweltkommission, Klaus Töpfer, konstatiert in einem Artikel der Frankfurter Allgemeinen Zeitung, dass diese Erscheinung der ungerechten Energieversorgung und dadurch bedingt der immense Verbrauch von Holz und Kohle, generell ein Problem von Entwicklungsländern sei. Um nicht den gleichen ‚schmutzigen Weg der Entwicklung' der Industriestaaten zu wählen, sollte es deshalb Ziel der Entwicklungsländer sein, „die Energieversorgung zu verändern und damit gesündere, sauberere, prosperierende und zugleich auch gerechtere Wege zu schaffen"[45]. Töpfer weist zudem auf den in Johannesburg anlässlich des Weltgipfels für nachhaltige Entwicklung (WSSD) beschlossenen Plan hin, der u. a. besagt, dass in Zukunft der ‚der Zugang zu verlässlichen, wirtschaftlichen und sozialverträglichen sowie umweltfreundlichen Energieleistungen und -quellen' gewährleistet werden soll[46]. Ein Weg sei Verwendung von erneuerbaren Energien neben gasförmigen und flüssigen Brennstoffen.

---

[44] Aussage eines Rieseleiters während eines Gesprächs über die Wasser- und Energieproblematik des Landes am 23.12.02.

[45] Töpfer, 2003, S. B1.

[46] Töpfer, 2003, S. B1.

Dass der Einsatz von Windgeneratoren durchaus in Namibia möglich wäre, soll anhand des Standortes Lüderitz aufgezeigt werden. Die Wüstengebiete an der Küste bei Lüderitz würden sich gut für Windgeneratoren eignen, da dort ideale Voraussetzungen sind: Es herrscht fast das ganze Jahr über ein enormer Wind und zudem gibt es genügend Platz für die Windgeneratoren.

Auch Solarzellen ließen sich an einigen Stellen in der Wüste anlegen, ohne dabei – verglichen mit den durch den Uranabbau verursachten Schäden – zu großen Einfluss auf die Natur zu nehmen.

Folgendes Zitat auf der Hompeage der "Desert Lodge" zeigt, dass Solarenergie innerhalb der Tourismusbetriebe zukünftig ein Energielieferant Namibias sein könnte:

"Our guests will also have the convenience of 24 hour light and fan facility in their room, which is backed up by solar power energy. Our over 300 days sunshine guarantee in Namibia makes it also possible that your warm water is soley generated by solar geysers."[47]

Dass Namibia durchaus ein Land ist, das technischen Aufgaben gewachsen ist und mit der Namibwüste durch ihre Größe und Trockenheit ideale Voraussetzungen für Forschungsprojekte bietet, somit auch für Forschungsprojekte der regenerativen Energien gute Voraussetzungen bietet, zeigt sich in dem sog. Forschungsprojekt der „HESS-Teleskopen"[48]. An diesem Forschungsprojekt des Max-Planck-Instituts für Kernphysik arbeiten ca. 70 Wissenschaftler, davon zwei namibische Wissenschaftler, die mit Hilfe von den in der Namibwüste stationierten, modernsten Teleskopen hochenergetische Strahlung aus dem All auffangen wollen. [49]

Zudem soll dieses Projekt physikinteressierte Touristen aus aller Welt anlocken und somit nach Aussage von Hoffmann „Geld ins Land bringen"[50].

---

[47] Ritz Desert Lodge. "Accommodation – our guestrooms with views into Namibia's famous desert". <http://www.desertlodge.web.na/accommodation.htm> (06.06.03).

[48] Die Abkürzung „HESS" steht für „High Energy Stereoscopic System".

[49] Vgl. dazu Hoffmann, 2003, S. 30.

[50] Hoffmann, 2003, S. 30.

Umgesetzt können diese Projekte der regenerativen Energieformen nur mit Finanzierungshilfen der reichen Industriestaaten. Beispielhaft hierfür sei das von der UNEP geschaffenen Netzwerk von Energieunternehmen zu nennen, die Vereinigung „African Rural Energy Enterprise Development“ (AREED). Diese Organisation hat es sich zur Aufgabe gemacht, über 30 Projekte zur Erschließung von regenerativen Energien zu unterstützen.[51]

Damit ausländische Geschäftsleute und Urlauber weiterhin in Namibia investieren – der Tourismus ist momentan der drittgrößte Devisenbringer des Landes – muss vor allem die Sicherheit der ausländischen Besucher gewährleistet bleiben. Aufgrund der akuten Gefahr durch den weltweiten Terrorismus hat Namibia, das als eines der sichersten Länder Afrikas gilt, momentan die besten Voraussetzungen für einen Anstieg der Touristenzahlen.

Ein enormes Risiko für den Tourismus ist die momentan noch *ungeklärte Landfrage*. Der Präsident des Landes, Sam Nujoma, verunsicherte bisher die weißen Farmer und ausländischen Investoren immer wieder durch Aussagen über eine neue Landumverteilung mittels Enteignung, bzw. zwanghaften Verkaufs des kommerziellen Farmlandes, zugunsten der schwarzen Bevölkerung, die sich bisher „mit Feldern und Weiden auf kommunalem Land begnügen“ müssen[52]. Bis jetzt wurde ein einziger weißer Farmer von einheimischen Schwarzen bedroht, der aber durch Hilfe seitens der Polizei sein Land behalten konnte und nicht vertrieben wurde.

Auf die Frage „Haben Sie Angst, dass ähnliche Unruhen wie in Simbabwe, bedingt durch die Landverteilung, auch in Namibia stattfinden können?“ (Umfrage CH-2002/2003) antworteten vier von 10 in der Tourismusbranche Beschäftigten mit „vielleicht“, vier Personen kreuzten „ja“ an und zwei gaben an, dass dies kein Problem für Namibia sei.

Diejenigen, die mit „vielleicht“ geantwortet hatten, gaben an, dass sie momentan noch nichts zu befürchten hätten, da das Beispiel von der missglückten, gewaltsamen Vertreibung des Farmers zeige, dass die Polizei bisher noch für die Rechte der Weißen sorge, man aber nicht wisse, wie dies in Zukunft sein werde.

Von den acht im Tourismus tätigen schwarzen Namibiern, denen diese Frage gestellt wurde, antworteten zwei mit „nein“, drei mit „ja“ und drei mit „vielleicht“. Alle Befragten sprachen sich gegen eine gewaltsame Enteignung der weißen Farmer aus, da dies viele ihrer Landsleute

---

[51] Vgl. Töpfer, 2003, S. B1.

[52] Schwarz, 2002, S. 152.

ihren Arbeitgebern wegnehmen und sie somit in die Arbeitslosigkeit stürzen würde. Die drei Befragten, die zugestimmt hatten, dass sie Angst vor einer gewaltsamen Reform hätten, begründeten dies damit, dass dies zu einem Rückgang der Touristenströme führen würde und sie deshalb ihre Arbeit verlieren würden.

Die Befragung zeigte, dass sowohl schwarze als auch weiße Einheimische überwiegend über die Aussagen des Präsidenten verunsichert sind und selbst nicht wissen, wie die Landfrage gelöst werden könnte. So waren alle Befragten sich einig, dass eine Landreform dringend nötig sei. Sie seien aber mit einer Situation wie in Simbabwe nicht einverstanden und hofften, dass eine friedliche Lösung zugunsten aller beteiligten Personen, gefunden würde.[53]

Schleyer, der Generalsekretär des Zentralverbandes des Deutschen Handwerks, der selbst eine 10.000 ha große Farm zu touristischen Zwecken in Namibia besitzt, gab bei einem Interview der Zeitschrift „Der Spiegel" an, aufgrund der unsicheren Situation momentan keine weiteren Investitionen in Namibia vorzunehmen. Nach Schleyer würden Unruhen im südlichen Afrika, bedingt durch eine Landenteignung, zu einem enormen Rückgang im Tourismus führen.[54]

Momentan sieht es so aus, dass es eine friedliche Lösung nach dem Prinzip des willigen Verkäufers und des willigen Käufers auch weiterhin geben wird. Dies beinhaltet, dass kommerzielle Farmer ihre Farm zuerst dem Staat zum Kauf anbieten. Der Staat überprüft dann, ob sich dieses Land zu Umsiedlungszwecken zugunsten landloser Einheimischer eigentlich ist dies nicht der Fall und der Staat nimmt von seinem Vorkaufsrecht abstand, darf der Farmer sein Land auf dem offenen Markt anbieten.[55]

Der Tourismus in Namibia, der insbesondere durch politische Unruhen sehr krisenanfällig ist, kann deshalb in Zukunft nur bestehen, wenn vor allem die Kriminalitätsrate sinkt und die Landfrage friedlich gelöst werden kann, im Interesse aller ethnischen Gruppen und sich die Politiker Namibias, insbesondere der Präsident, von der Politik Mugabes, dem Präsidenten von Simbabwe, distanzieren.

---

[53] Zu näheren Angaben zur Landfrage Namibias sei auf einen Leserbrief der Allgemeinen Zeitung verwiesen. Vgl. Kock, 2002, S. 9.

[54] Schwarz, 2002, S. 154.

[55] Vgl. Springer, Marc. „Regierung lehnt angebotene Farmen ab". *Allgemeine Zeitung online,* 17.04.2003. <http://www.az.com.na/az/index.html> (17.04.03).

Literaturverzeichnis (inklusive weiterführender Literatur)

African Special Tours (AST): „Afrika`03". 2003, S. 50.

Africandesk. „Ein Spaß im Stehen oder Liegen". <http://www.africandesk.com/de/duneboarding.htm> (06.06.03).

Africandesk. „Township Touren". <http://www.africandesk.com/de/township.html> (05.06.03).

Agri-Tourism, Alphabetical Listing of Guest Houses and Game Farms in Namibia. <http://www.agrinamibia.com.na/GuestFarms> (16.05.03).

AIEST. „Informationen zum Kongreß". <http://www.aiest.org/org/idt/idt_aiest.nsf/de/AFE3689530F5C6C7C1256CCD002AAD56?OpenDocument> (18.04.03).

Air Namibia. 2003. „News. Re-commissioning of the Boeing 747-400 combi". <http://www.airnamibia.com.na/news.htm> (21.03.03).

Allgemeine Zeitung (Hg.). „Tumorpatienten aus Deutschland finden in Namibia wieder zu sich selbst". *Allgemeine Zeitung online,* 09.05.2003. <http://www.az.com.na/az/artikel/az-artikel.php4?rubrik=lokales&artikelnummer=2227> (10.05.03).

Allgemeine Zeitung (Hg.): „Swakopmund ist fast ausgebucht". *Allgemeine Zeitung online,* 20.12.2000. <http://www.az.com.na/az/artikel/az-artikel.php4?rubrik=lokales&artikelnummer=74> (07.06.03).

Auswärtiges Amt. „Namibia. Wirtschaft". <http://www.auswaertiges-amt.de/www/de/laenderinfos/laender/laender_ausgabe_html?type_id=12&land_id=118> (16.03.03).

Bank of Namibia. "Opening Address by Mr T K Alweendo, Governor, Bank of Namibia, at The Hospitality Association of Namibia Congress, 10th June1999."<http://www.bon.com.na/speeches/hospitality%20assoc%20congress.htm> (04.05.03).

Bartlett, Des and Jen: „Family Life of Lions". *National Geographic*, December 1982, S. 800-819.

Becker, Christoph u. a.: *Tourismus und nachhaltige Entwicklung. Grundlagen und praktische Ansätze für den mitteleuropäischen Raum.* Darmstadt: Wissenschaftliche Buchgesellschaft, 1996.

Benthien, Bruno: *Geographie der Erholung und des Tourismus.* Gotha: Justus Perthes Verlag, 1997.

Bernecker, Paul: *Geographie und Fremdenverkehr.* S. 42-47. In: Hofmeister, Burkhard; Steinecke, Albrecht (Hg.): *Geographie des Freizeit- und Fremdenverkehrs.* Darmstadt: Wissenschaftliche Buchgesellschaft, 1984 (*Wege der Forschung*, Bd. 592).

Borowski, Barbara: *.BaedekerAllianz Reiseführer. Namibia.* Ostfildern: Karl Baedeker GmbH, ²2000.

Boudon, Barbara: *Namibia. Genussreise und Rezepte.* Weil der Stadt: Walter Hädecke Verlag, 2001.

Buch, Manfred W.: *Klima und Boden als limitierende Faktoren landwirtschaftlicher Nutzung in Namibia.* S. 139-172. In: Lamping, Heinrich; Jäschke, Uwe (Hg.): *Föderative Raumstrukturen und wirtschaftliche Entwicklungen in Namibia.* Frankfurt/Main: Selbstverlag des Institutes für Wirtschafts- und Sozialgeographie, 1993 (*Frankfurter Wirtschafts- und Sozialgeographische Schriften,* Heft 64).

Bundesverband des deutschen Fischgroßhandels e.V. <http://www.fischgrosshandel.org/presse/fischtafel7.pdf> (12.03.03).

Chadwick, Douglas H.; Bartlett, Des and Jen: „Etosha: Namibia's Kingdom of Animals". *National Geographic*, March 1983, S. 344-385.

Christaller, Walter: *Beiträge zu einer Geographie des Fremdenverkehrs*. S. 156-169. In: Hofmeister, Burkhard; Steinecke, Albrecht (Hg.): *Geographie des Freizeit- und Fremdenverkehrs*. Darmstadt: Wissenschaftliche Buchgesellschaft, 1984 (*Wege der Forschung*, Bd. 592).

COFAD GmbH. „Technische Zusammenarbeit mit Namibia in Fischerei und mariner Umweltforschung". <http://www.cofad.de/namibia_d.htm> (12.03.03).

Dahle, Wendula; Leyerer, Wolfgang: *Namibia. Edition Erde Reiseführer*. Bremen: Edition Temmen, 2001.

Davidson, Andee: „Tourism Planning in the North-West – an opportunity für positive change!". *Travel News Namibia,* Dezember 2002-Januar 2003, S. 29.

Der Tour: „Südliches Afrika", 2002/2003, S. 78-79.

Desert Explorers. „Skydiving". <http://swakop.com/ADV/skydiving.htm> (06.06.03).

Desert Express. 2003.„Namibia`s unique rail experiences". <http://www.desertexpress.com.na/main.htm> (19.03.03).

Deutsch Namibische Gesellschaft e.V. „Das Südwesterlied". <http://www.dngev.de/gesell/land/lexikon/s/südwest.htm> (30.11.02).

Deutsch Namibische Gesellschaft e.V. „Nationalhymne" <http://www.dngev.de/gesell/land/lexikon/h/hymne.jpg> (30.11.02).

Deutsche Gesellschaft für Tourismuswissenschaft e. V. „Ziele". <http://www.dgt.de/> (13.03.03).

Die Zeit. „Zeit-Reisen. Namibia auf neuen Wegen". <http://reisebeilage.zeit.de/zeitreisen/namibia/index_html> (08.06.03).

Dierks, Klaus. „Namibias Schienenverkehr zwischen Aufbau und Rückgang". <http://www.klausdierks.com/frontpage.html> (19.03.03).

Dierks, Klaus. 2001. "||KHAUXA!NAS. Die Entdeckung der verlorenen Stadt der Kalahari". <http://www.klausdierks.com/frontpage.html.> (05.03.03).

Dierks, Klaus. 2001. „Pfade, Pads und Autobahnen. Verkehrswege erschließen ein menschenleeres Land." <http://www.klausdierks.com/Strassen/index.html> (18.03.03).

Dierks, Klaus. 2003. "Chronologie der namibischen Geschichte. Von der vorgeschichtlichen Zeit zur Unabhängigkeit und danach". <http://www.klausdierks.com/Geschichte/1.htm> (05.03.03).

Directorate of Environmental Affairs (DEA), Ministry of Environment and Tourism (MET), Namibia. „Atlas of Namibia, Tourist Accomodation". <http://www.dea.met.gov.na/data/Atlas/zip_files/Fig%205.34%20Tourism%20accommodation%20-%20database.zip> (02.05.03).

Djoser: „Reisen auf andere Art“. 2003/2004, S. 64.

Dornseif, Golf. 18. Juli 1999. „Glanz und Elend der Diamanten-Pioniere“. <http://www.traditionsverband.de/> (15.03.03).

Dr.Tigges: „Asien, Afrika, Amerika, Australien“. 2002, S. 96.

Duenbostel, Jürgen: „Namibia nach der Unabhängigkeit. ... ‚Ist das die Freiheit für die wir gekämpft haben?‘. *Die Zeit*, 22.03.1991.

Erb, Elke: „Eine Kamelfarm bei Swakopmund“. *Namibia Magazin* 3/2001, S. 24-25.

Etosha Fly-In Safaris. “Tägliche Pirschfahrten in den östlichen Teil des Etoscha Parks“ <http://www.etosha.com/gamedr_g.htm> (10.05.03).

Explorer: „Fernreisen. Südliches Afrika“. 2002, S. 44.

Fischer, Wolfgang. „Ombili und Buschmanntrail“. <http://home.t-online.de/home/cwfischer/video.htm> (13.05.03).

Fischer, Wolfgang. „Ombili“. <http://home.tonline.de/home/cwfischer/ombili.htm> (13.05.03).

Frandsen, Robin: *Map of Etosha.* Durban: Fishwick Printers. o. J. (hrsg. v. Honeyguide Publications).

Freyer, Walter: *Tourismus und Wissenschaft – Chance für den Wissenschaftsstandort Deutschland.* S. 218-237. In: Feldmann, Olaf (Hg.): *Tourismus – Chance für den Standort Deutschland.* Baden-Baden: Nomos Verlagsgesellschaft, 1997.

Freyer, Walter: *Tourismus. Einführung in die Fremdenverkehrsökonomie.* München/Wien: Oldenbourg Verlag, [7]2001 (hrsg. v. Freyer, Walter: *Lehr- und Handbücher zu Tourismus, Verkehr und Freizeit*).

Frömel, Susanne: „Heimatmelodien“. *Die Zeit,* 29.08.2002, S. 51.

Gastro Facts online. „Ein Jahr nach dem 11. September“. <http://www.gastrofacts.ch/news/branche/data/2002/09_02/september_2002_05.htm> (10.04.03).

Gebeco: „Südliches Afrika und Indischer Ozean“. 2002/2003, S. 10.

Globales Lernen. „Dimensionen, Perspektiven und Wirkungen des Entwicklungsländer-Tourismus“. <http://www.globales-lernen.de/Schwerpunkte/Reisen/kern1.htm> (13.03.03).

Goway. „Rail Experiences”. <http://www.goway.com/africa/dune_express.html> (18.03.03).

Grill, Bartholomäus: „Die vergessene Epidemie“. *Die Zeit*, 08.05.2003, S. 14.

Groth, Siegfried: *Namibische Passion. Tragik und Größe der namibischen Befreiungsbewegung.* Wuppertal: Peter Hammer Verlag, 1995.

Grünert, Nicole: *Namibias faszinierende Geologie. Ein Reisehandbuch.* Göttingen: Klaus Hess Verlag, [2]2000 [[1]1999].

Guerba: „Africa in close up“. 2002/2003, S. 48.

Günter, Wolfgang: *Pädagogik zwischen Massentourismus und Bildungsreise. Zur Entwicklungs- und Problemgeschichte der Reisepädagogik.* S. 9-23. In: Isenberg, Wolfgang (Hg.): *Phänomen Tourismus. Interdisziplinäre Beiträge zur Erforschung des Reisens.* Bergisch Gladbach: Thomas-Morus-Akademie, 1998.

Hagen, Wally u. Horst: „Big five". *Terra,* 4/2002, S. 16-33.

Halbach, Axel J.: *Grundlagenstudie Namibia.* München: Dissertations- und Fotodruck Prank GmbH, 1989 (hrsg. v. Ifo-Institut für Wirtschaftsforschung: *Sektorstudie Tourismus. Struktur, Potential und Förderungsmöglichkeiten,* Bd. 12).

Hälbich, Edgar. „Swakop-Brücke ab heute wieder offen." *Allgemeine Zeitung online*, 06.12.2002. <http://www.az.com.na/az/index.html> (15.12.02).

Hälbich, Edgar. „Waterfront wird konkret". *Allgemeine Zeitung online,* 07.11.2002. <http://www.az.com.na/az/artikel/az-artikel.php4?rubrik=lokales&artikelnummer=1772> (06.06.03).

Hamilton III, William J.; Hughes, Carol and David: „The Living Sands of the Namib". *National Geographic*, September 1983, S. 364-377.

HAN - Hospitality Association of Namibia.<http://www.hannamibia.com> (16.05.03).

HAN. "About Han". <http://www.hannamibia.com/html/Han.php?mainid=1&subid=1> (02.05.03).

Harring, Sid. „Commentary on the Environmental Assessment Report of the Feasibility Study on the Proposed Lower Cunene Hydropower Scheme".<http://www.irn.org/programs/safrica/epupareview/social.html> (21.03.03).

Heine, Attila. „Infrastrukturen". <http://www.beepworld.de/members43/namibiadatenfakten/infrastrukturen.htm> (17.03.03).

Heinrich, Dirk. „Arroganz unerwünscht". *Allgemeine Zeitung online,* 02.05.2003. <http://www.az.com.na/az/artikel/az-artikel.php4?rubrik=lokales&artikelnummer=2212> (07.05.03).

Heinrich, Dirk. „Daberas Mine soll für zehn Jahre Diamanten liefern". *Allgemeine Zeitung online*, 03.06.2002. <http://www.az-namibia.de/artikel/az-artikel.php4?rubrik=wirtschaft&artikelnummer =487> (12.01.03).

Heinrich, Dirk. „Präsident jagt in Etoscha". *Allgemeine Zeitung online*, 20.12.2002. <http://www.az.com.na/az/artikel/az-artikel.php4?rubrik=lokales&artikelnummer=1910> (05.05.03).

Heinrich, Dirk. „Sauberkeit hat Priorität". *Allgemeine Zeitung online,* 12.12.2002. <http://www.az.com.na/az/artikel/az-artikel.php4?rubrik=lokales&artikelnummer=1889> (06.06.03).

Heinrich, Dirk. „Weltumwelttag gefeiert". *Allgemeine Zeitung online,* 06.06.2002. <http://www.az.com.na/az/index.html> (03.04.03).

Henkel, Michael (Hg.): „Weltweit … mit Freunden reisen …". *Henkalaya e. K.*, 2003, S. 81.

Heß, Klaus (Hg.): „Eine Idee setzt sich durch: Immer mehr Conservancies". *Namibia Magazin* 3/2001, S. 30.

Heß, Klaus (Hg.): „Geplante Hotelentwicklung am Diaz Point". *Namibia Magazin* 3/2001, S. 30.

Heß, Klaus (Hg.): „Straßennamen sorgen für Aufregung". *Namibia Magazin 4*/2001, S. 5.

Heussen, Sven. „Neuanfang für Air Namibia". *Allgemeine Zeitung online*, 17.01.2003. <http://www.az.com.na/az/index.html> (20.01.03).

Heussen, Sven. „Ramatex soll Hunger stillen". *Allgemeine Zeitung online*, 16.01.2002. <http://www.az.com.na/az/index.html> (17.03.03).

Heussen, Sven. „Späte Initiative". *Allgemeine Zeitung online*, 17.09.2002. <http://www.az-namibia.de/artikel/az-artikel.php4?rubrik=lokales&artikelnummer=1622> (05.02.03).

Heussen, Sven. „Stadtverwaltung warnt vor verdrecktem Wasser". *Allgemeine Zeiung online,* 10.01.2003. <http://www.az.com.na/az/index.html> (24.03.03).

Hodgson, Bryan; Brandenburg, Jim: „Namibia – Nearly a Nation". *National Geographic*, June 1982, S. 755-797.

Hoffmann, Giselher: „Brautschau". *Merian,* November/1997, S. 81-89.

Hoffmann, Ruth: „Schwarze Löcher über Afrika". *Die Zeit*, 03.04.2003, S. 30.

Hofmann, Eberhard. „Schwer belastet". *Allgemeine Zeitung online*, 15.01.2003. <http://www.az.com.na/az/index.html> (24.03.03).

Hofmann, Eberhard. „Shikongo nimmt Anlauf auf Qualität". *Allgemeine Zeitung online,* 19.06.2002. <http://www.az.com.na/az/artikel/az-artikel.php4?rubrik=lokales&artikelnummer=1315> (08.05.03).

Holm-Petersen, Erik: *Tourism in Namibia*. S. 92-94. In: Ministry of Environment and Tourism (Hg.): *Namibia Environment. Volume 1*. Windhoek: Gamsberg Macmillan Publishers, 1997.

Horenburg, Thorsten: *Tourismus in Namibia*. Köln: 1998.

Horizon. „Fish River Canyon. The sights". <http://www.horizon.fr/namibia/ainfofishriver.html> (20.05.03).

Hunziker, Walter: *Fremdenverkehr.* S. 48-62. In: Hofmeister, Burkhard; Steinecke, Albrecht (Hg.). *Geographie des Freizeit- und Fremdenverkehrs*. Darmstadt: Wissenschaftliche Buchgesellschaft, 1984 (*Wege der Forschung*, Bd. 592).

Hüser, Klaus u.a.: *Namibia. Eine Landschaftskinde in Bildern.* Göttingen: Klaus Hess Verlag, 2001.

ICL. Februar 1990. „Namibia Constitution". <http://www.oefre.unibe.ch/law/icl/wa00000_.html#A001_> (04.12.02).

Institut für öffentliche Dienstleistungen und Tourismus. „Association Internationale d'Experts Scientifiques du Tourisme". <http://www.idt.unisg.ch/org/idt/main.nsf/3740383e39272e4441256c6a002d1251/43c6ad04e4b32713c1256c6a0050c67c?OpenDocument> (18.04.03).

Institute for Public Policy Research, Windhoek. „The IJG Business Climate Monitor für November 2002". <http.//www.ippr.org.na/BCM_Nov2002.htm> (08.05.03).

Intercape. „Routes". <http://www.intercape.co.za/> (18.03.03).

Iwanowski, Michael: *Namibia. Reise-Handbuch.* Dormagen: Iwanowski`s Reisebuchverlag, [20]2002.

Iwanowski's Reisen. "Etoscha National Park: Geführte Tagessafaris". <http://www.iwanowski.de/news/news_view.php3?action=view&nwid=212> (10.05.03).

Iwanowski's Reisen. „Etoscha: Neuer Zugang im Norden". <http://www.iwanowski.de/news/news_view.php3?action=view&nwid=281> (08.05.03).

Jacana Tours: „Südliches Afrika". 2002, S. 29.

Jäschke, Uwe: *Namibia. Map 2002*. Windhoek: Projects & Promotions. 2002.

Jenkins, Carson L.: *The Development of Tourism in Namibia.* S. 113-128. In: Dieke, Peter U.C. (Hg.): *The political economy of tourism in Africa.* New York/Sydney/Tokyo: Cognizant Communication Corporation, 2000.

Kainbacher, Paul: *Der Fremdenverkehr in Namibia und seine Entwicklungsmöglichkeiten.* Wien: 1995.

Kanzler, Sven-Eric: „Lüderitz poliert seine Juwelen". *Travel News Namibia. Deutsche Sonderausgabe,* Januar-Juni 2002, S. 12-13.

Kanzler, Sven-Eric: „Marsch gegen das Vergessen". *Travel News Namibia. Deutsche Sonderausgabe,* Januar-Juni 2002, S. 23.

Karawane Reisen: „Erlebnis Studienreise". 2003, S. 128-131.

Kashjuna Hunting Lodge. „Jagdmöglichkeiten auf der Kashjuna Hunting Lodge". <http://www.kashjuna-lodge.de/> (07.06.03).

Kaspar, Claude: *Die Tourismuslehre im Grundriss. St. Galler Beiträge zum Tourismus und zur Verkehrswirtschaft.* Bern/Stuttgart: Haupt Verlag, ^{4}1991. (*Reihe Tourismus*, Bd. 1).

Kenna, Constance (HG.). *Die „DDR_Kinder" von Namibia – Heimkehrer in ein fremdes Land.* Göttingen: Klaus Hess Verlag, 1999.

Kesselmann, Heiko: *Entwicklung und Umsetzung eines sanften Tourismus in Namibia, mit besonderer Berücksichtigung des Namib Rand Naturschutzgebietes.* S. 131-147. In: Kirstges, Torsten; Lück, Michael (Hg.): *Umweltverträglicher Tourismus. Fallstudien zur Entwicklung und Umsetzung Sanfter Tourismuskonzepte.* Meßkirch: Armin Gmeiner Verlag, 2001.

Klimm, Ernst u.a.: *Das südliche Afrika,* Bd. 2. *Namibia – Botswana.* Darmstadt: Wissenschaftliche Buchgesellschaft, 1994 (hrsg. v. Storkebaum, Werner: *Wissenschaftliche Länderkunden*, Bd. 39).

Kock, Claus: „Realitäten der Landfrage". *Allgemeine Zeitung,* 15.10.2002, S. 9.

Köthe, Friedrich; Schetar, Daniela: *Namibia.* München: Polyglott Verlag, 2001.

Kristallgalerie. <http://www.kristallgalerie.com/> (06.06.03).

La Rochelle. „Jagen auf La Rochelle". <http://www.la-rochelle-hunting-lodge.de/Frames/IndexlodgeFrame.htm> (07.06.03).

Ladmiral, Jean-René, Lipiansky, Edmond Marc: *Interkulturelle Kommunikation. Zur Dynamik mehrsprachiger Gruppen.* Frankfurt am Main: Campus Verlag GmbH, 2000 (hrsg. v. Nicklas, Hans: *Europäische Bibliothek interkultureller Studien.* Bd. 5).

Lamping, Heinrich: *Tourismusstrukturen in Namibia. Gästefarmen – Jagdfarmen – Lodges – Rastlager.* Frankfurt/Main: Selbstverlag des Institutes für Wirtschafts- und Sozialgeographie, 1996 (hrsg. v. Gruber, G. u. a.: *Frankfurter Wirtschafts- und Sozialgeographische Schriften,* Heft 69).

Lernidee: „Diamant Afrikas. Mit dem Sonderzug durch Südafrika und Namibia". 2002, S. 2; 39.

Leser, Hartmut: *Namibia.* Stuttgart: Ernst Klett Verlag, 1982.

LTU plus: „Wohltuend anders". 2002, S. 228.

Luft, Hartmut: *Grundlegende Tourismusbetriebslehre.* Limburgerhof: FBV-Medien-Verlags GmbH, 1996.

Martin, Henno: *Wenn es Krieg gibt, gehen wir in die Wüste.* Fulda: Two Books, [2]2002 [[1]2001].

Maßmann, Ursula: *Swakopmund. Eine kleine Chronik.* Swakopmund: Gesellschaft für Wissenschaftliche Entwicklung, [5]1998 [[1]1982].

Meet-Namibia. „15.11.02. Namutoni – Tsintsabis – Muramba Bushman". <http://www.meet-namibia.7to.de/namibia2002_3.htm> (13.05.03).

Meiers`s Weltreisen: „Afrika. Indischer Ozean, Orient". 2003, S. 136; 150-155.

Merkel, Angela: *„Nachhaltiger Tourismus" – Herausforderung und Zukunftschance.* S. 178-186. In: Feldmann, Olaf (Hg.): *Tourismus – Chance für den Standort Deutschland.* Baden-Baden: Nomos Verlagsgesellschaft, 1997.

Metzger, Fritz: *Wassererschließung in Namibia.* Windhoek: Namibia Wissenschaftliche Gesellschaft, 1998.

Ministerium für Schule, Wissenschaft und Forschung des Landes Nordrhein-Westfalen (Hg.): *Grundschule. Richtlinien und Lehrpläne.* Frechen: Ritterbach Verlag GmbH, 1985.

Ministry of Environment and Tourism, Directorate of Environmental Affairs. „SOER Socio-Economic Balance Sheet 1998". <http://www.dea.met.gov.na/data/publications/reports/soesoec1.pdf> (06.05.03).

Ministry of Environment and Tourism. "Fish River Canyon". <http://www.horizon.fr/namibia/ainfofishriver.html> (20.03.03).

Ministry of Environment and Tourism. „Sea temperatures. Swakopmund". <http://www.dea.met.gov.na/data/Atlas/zip_files/Sea%20temperatures%20at%20Swakopmund.zip> (06.05.03).

Ministry of Fisheries and Marine Resources. „Employment". <http://www.mfmr.gov.na/fishing industry/statistics/employment.htm> (12.03.03).

Mola Mola. „Dolphin & Seal Cruises". <http://www.mola-mola.com.na> (12.02.03).

Morris, Dave; Klein, Claudia (Hg.): *Southern African. Where to stay. Namibia, South Africa, Zimbabwe, Zambia and Botswana.* Cape Town/Windhoek: Colourgem Publications, 2002 b (hrsg. v. *Colourgem. Effective Tourism Promotion*).

Morris, Dave; Klein, Claudia (Hg.): *Walvis Bay. Namibia's gateway to trade and tourism.* Windhoek: Colourgem Publications, 2002 a (hrsg. v. *Colourgem. Effective Tourism Promotion*).

Mousebird Backpackers und Safaris. “Sightseeing – Der Hoba Meteorit”. <http://www.mousebird.de/meteorit.html> (13.05.03).

Mundt, Jörn W.: *Einführung in den Tourismus.* München/Wien: Oldenbourg Verlag, ²2001.

Nachtwei, Winfried: *Namibia. Von der antikolonialen Revolte zum nationalen Befreiungskampf.* Mannheim: Jürgen Sendler Verlag, 1976 (*Nationale Befreiung,* Bd.7).

NACOBTA. 2001. „Verband namibischer Gemeinden zur Gründung tourismus-orientierter Unternehmen“. <http://www.nacobta.com.na/ge/Index.htm> (02.05.03).

Namib Sun Hotels. „Specials. For South African citizens and Permanet Residents“. <http://www.namibsunhotels.com.na/english/e_main.htm> (15.05.03).

Namib Web. 1998. „Kristall Kellerei winery in Omaruru“. <http://www.namibweb.com/winery.htm> (13.03.03).

Namibfun. „Event Archives“. <http://www.namibfun.com.na/event.php> (05.06.03).

Namibia Tourism Board (Hg.): “Namibia. Land der Kontraste“. *Land of Contrasts,* 2003, S. 1-22.

Namibia Tourism Board (Hg.): *Namibia. Schauspiel der Natur.* Frankfurt/Main: Bresink Eckert Wenz Werbeagentur GmbH, 2002.

Namibia Tourism Board (Hg.): *Willkommen in Namibia. Amtlicher Reiseführer 2003.* Windhoek: Solitaire Press, 2003.

Namibia Tourism Board (Hg.): *Willkommen in Namibia. Touristen Beherbergungs- und Onformationsführer 2002.* Windhoek: Solitaire Press, 2002.

Namibia Tourism Board. „Namibia – Zauber der Natur”. <http://www.namibia-tourism.com/reitipps/geologie.htm> (27.01.03).

Namibia Tourism. Board Frankfurt. 2003. „Flughafen“. <http://www.namibia-tourism.com/gzw-a-z/a-z_flughafen.htm> (21.03.03).

Namibia Tourismus Informations System. <http://www.ntis-online.com> (16.05.03).

Namibia Trade Directory. 2000. „Physical infrastructure.” <http://www.tradedirectory.com.na/info.php?mode=single&entryid=394> (19.03.03).

Namibia Travel Online. <http://www.natron.net> (16.05.03).

Namibia-Camping. <http://www.thomasrichter.de/namibia> (16.05.03).

Namibiareservations. „Top 5 Namibia Wildlife Resorts”. <http://www.namibiareservations.com/namibiawildliferesorts.html> (08.05.03).

Namibiatouristik. „Brandungsangeln an Namibias Küste“. <http://www.namibiatouristik.de/4/4_5.html> (06.06.03).

Namibweb.com - The Online Guide to Namibia. <http://www.namibweb.com> (16.05.03).

Natron Net. „Aktiv sein im Land der Kontraste – Golfen“. <http://www.natron.net/best-travel/golf.html> (06.06.03).

NIED. „General Information on NIED“. <http://www.nied.edu.na/nied/geninfo.htm> (25.03.03).

Noack, Hans-Christoph: „Urlaub in der Krise“. *FAZ*, 08.03.2003, S. 1.

Noczil, Birgit. „Konfrontation bleibt aus“. *Allgemeine Zeitung online*, 27.11.2002. <http://www.az.com.na/az/artikel/az-artikel.php4?rubrik=lokales&artikelnummer=1834> (11.05.03).

Noczil, Birgit. „Streit um Safari-Konzession in Nationalpark“. *Allgemeine Zeitung online*, 26.11.2002. <http://www.az.com.na/az/artikel/az-artikel.php4?rubrik=lokales&artikelnummer=1831> (11.05.03).

Noczil, Birgit. „Studie zu Popa-Kraftwek im Juni beendet“. *Allgemeine Zeitung online*, 07.02.2003. <http://www.az.com.na/az/index.html> (24.03.03).

Nuhn, Walter: *Feind überall. Der große Nama-Aufstand (Hottentottenaufstand) 1904-1908 in Deutsch-Südwestafrika (Namibia). Der erste Partisanenkrieg in der Geschichte der deutschen Armee.* Bonn: Bernard & Graefe Verlag, 2000.

Okalele´s Afrika-Portal, Namibia. <http://www.okalele.de/afrikaportal/namibia/namibia.htm> (16.05.03).

Okambara Game Ranch. „Wein aus Namibia: Die Kristall Kellerei in Omaruru“. <http://www.okambara.de/1.k35_main.htm> (11.03.03).

Opaschowski, Horst W.: *Tourismus. Systematische Einführung – Analysen und Prognosen.* Opladen: Leske und Budrich, 1996 (*Freizeit- und Tourismusstudien,* Bd. 3).

Pack, Livia u. Peter: *Travel Handbuch Namibia.* Berlin: Stefan Loose Verlag, 2002.

Peace Parks Foundation. „Profile.Objectives“. <http://www.peaceparks.org/> (06.06.03).

Petersen, Elisabeth: *Namibia.* Köln: Vista Point Verlag, ²1999.

Pleasureflights. „Namibia Air Charter Flights“. <http://www.pleasureflights.com.na> (05.06.03).

Pro Wildlife: „Elefanten erneut im Visier der Jäger“. <http://www.prowildlife.de/Projekte/Elefanten/Elfenbein.html> (15.03.03).

Radio Kudu. <http://www.radiokudu.com.na/> (21.03.03).

Reit Safari. „Reitsafari in Namibia“. <http://www.reitsafari.com/haupt.htm> (07.06.03).

Reservations Africa. „Epacho Game Lodge und Spa”. <http://resafrica.net/epacha-game-lodge.de/> (08.05.03).

Rhein-Zeitung online. „Entsetzen bei Tierschützern – Jubel in Japan“. <http://rhein-zeitung.de/old/97/06/21/topnews/elfenbein.html> (15.03.03).

Ritz Desert Lodge. “Accommodation – our guestrooms with views into Namibia’s famous desert”. <http://www.desertlodge.web.na/accommodation.htm> (06.06.03).

Rössing Uranium Mine. „Social, environmental and statistical report 2001“. <http://www.rossing.com/reports/se1_10.pdf> <http://www.rossing.com/reports/se11_22.pdf> (16.03.03).

Rotel Tours: „Das Rollende Hotel“. 2003, S. 57.

Rumpf, Hanno: *Facts and Figures. Die EG-Tourismus-Studie über Namibia und die Ziele der namibischen Regierung.* S. 5-20. In: Lamping, Heinrich; Jäschke, Uwe (Hg.): *Namibia – Perspektiven und Grenzen einer touristischen Erschließung.* Frankfurt/Main: Selbstverlag des Institutes für Wirtschafts- und Sozialgeographie, 1994 (*Frankfurter Wirtschafts- und Sozialgeographische Schriften,* Heft 66).

SAFRI. „Engagement lohnt sich – politisch, wirtschaftlich und menschlich". <http://www.safri.de/frame_german.asp> (02.05.03).

SAFRI. „SAFRI stellt Tourismus-Studie vor". <http://www.safri.de/tourism_a_german.html> (02.05.03).

Schalkwyk van, Paul (Hg.): „Hotel school in Swakop". *Travel News Namibia,* Dezember 2002 - Januar 2003, S. 6.

Schalkwyk van, Paul (Hg.): „Wichtige Reiseziele in Namibia". *Travel News Namibia,* Januar-Juni 2002, S. 4.

Schalkwyk van, Paul (Hg.): *Namibia. Holiday and Travel. The official namibian tourism directory.* Windhoek: Venture Publications, 2003.

Schetar, Daniela; Köthe, Friedrich: „Hereroland. Reise durch die Buschsavanne der Herero". *HB Bildatlas Special. Namibia,* 61, S. 22-33.

Schetar, Daniela; Köthe, Friedrich: „Norden. Das schwarze, vitale Herz des Landes". *HB Bildatlas Special Namibia,* 61, S. 57-69.

Schetar, Daniela; Köthe, Friedrich: *Namibia. Handbuch für individuelles Reisen und Entdecken.* Markgröningen: Reise Know-How Verlag, [3]2002 [[1]1996].

Schillergymnasium Münster. „Das Schuldorf Baumgartsbrunn in Namibia". <http://www.muenster.de/~schiller/namibia/namibia_stiftung.html> (25.03.03).

Schmid-Pieters, Anita <core@mweb.com.na>. 18.08.02. „Namibia B&B Info" Persönliche E-Mail (19.08.02).

Schmidt-Lauber, Brigitta: *Weihnachten im Sommer: Zur Konstruktion deutscher Identität in Namibia.* Basel: BAB, 1998 (hrsg. v. *Basler Afrika Bibliographien).*

Schmitt, Wilfried, G. „Heilung durch Reisen". <http://www.selbstheilungskraefte.de/hdr.htm> (10.05.03).

Schneider, G.I.C.: *Bergbauliche Ressourcen und ihre Nutzungsmöglichkeiten.* S. 185-206. In: Lamping, Heinrich; Jäschke, Uwe (Hg.): *Föderative Raumstrukturen und wirtschaftliche Entwicklungen in Namibia.* Frankfurt/Main: Selbstverlag des Institutes für Wirtschafts- und Sozialgeographie, 1993 (*Frankfurter Wirtschafts- und Sozialgeographische Schriften,* Heft 64).

Schneider, G.I.C.; Schneider, M.B.: *Grundlagen zur geographischen und geologischen Ausgangssituation Südwestafrikas/Namibias.* S. 37-56. In: Lamping, Heinrich (Hg.): *Namibia. Ausgewählte Themen der Exkursion 1988.* Frankfurt/Main: Selbstverlag des Institutes für Wirtschafts- und Sozialgeographie, 1989 (*Frankfurter Wirtschafts- und Sozialgeographische Schriften,* Heft 53).

Schneider, Gabi: „The Petrified Forest". *Tourismus Namibia. Eine Beilage der Allgemeinen Zeitung,* Oktober 2001, S. 9.

Schönrock`s Weinexoten. „Unsere Weine aus Namibia". <http://www.weinexoten.de/Namibia.html#Namibia> (11.03.03).

Schreiber, Irmgard. „Jeder dritte ist arbeitslos“. *Allgemeine Zeitung online*, 24.03.2003. <http://www.az.com.na/az/index.html> (24.03.03).

Schwarz, Birgit: „Vertreibung aus der Savanne“. *Der Spiegel,* 45/2002, S. 152-155.

Seckelmann, Astrid: *Siedlungsentwicklung im unabhängigen Namibia. Transformationsprozesse in Klein- und Mittelzentren der Farmzone.* Hamburg: Institut für Afrikakunde, 2000 (*Hamburger Beiträge zur Afrika-Kunde*, Bd. 60).

Southern Africa Where to Stay. <http://www.wheretostayonline.com> (16.05.03).

Speich, Richard: *Tourismus in Namibia als Wirtschaftsfaktor und Grundlage wirtschaftsräumlicher Entwicklungen.* S. 61-74. In: Lamping, Heinrich; Jäschke, Uwe (Hg.): *Namibia – Perspektiven und Grenzen einer touristischen Erschließung.* Frankfurt/Main: Selbstverlag des Institutes für Wirtschafts- und Sozialgeographie, 1994 (*Frankfurter Wirtschafts- und Sozialgeographische Schriften,* Heft 66).

Spiegel online. „Jahrbuch 2003. Namibia“. <http://www.spiegel.de/jahrbuch/0,1518,NAM,00.html> (15.03.03).

Springer, Dirk. „Tourismusindustrie weiterhin im Aufwind“. *Allgemeine Zeitung online,* 20.11.2002. <http://www.az-namibia.com/az/artikel/az-...1.php4?rubrik=lokales&artikelnummer=1815> (25.11.02).

Springer, Marc. „Alarmierende Ernteprognose“. *Allgemeine Zeitung online,* 04.04.2003. <http://www.az.com.na/az/index.html> (05.04.2003).

Springer, Marc. „Regierung lehnt angebotene Farmen ab“. *Allgemeine Zeitung online,* 17.04.2003. <http://www.az.com.na/az/index.html> (17.04.03).

Stadtmüller, Carola. „Wissen ist nicht immer Macht“. *Allgemeine Zeitung online,* 26.11.2002. <http://www.az.com.na/az/index.html> (15.02.03).

Statistisches Bundesamt. <http://www.destatis.de/cgi-bin/ausland_suche.pl> (03.12.02).

Statistisches Bundesamt/Eurostat (Hg.): *Länderbericht Namibia 1992.* Wiesbaden: Metzler u. Poeschel Verlag, 1992.

Südafrika Tours (SAA): „Das umfassende Reiseprogramm ins Südliche Afrika auf dem deutschen Markt“. 2002, S. 90-92.

Sun Bay Cruise: „Reisen in seiner schönsten Form“. 2002/2003, S. 28.

Sunvil Guide to Namibia. <http://www.sunvil.co.uk/africa/namibia/guidebook/intro.htm> (16.05.03).

TASA. 2001. „Who we are ...“. <http://www.tasa.na/main.htm> (02.05.03).

Ten Africa Tours. 2003. „Air Namibia mit Airbus statt boing“. <http://www.tenafricatours.com/info/news/archiv/detail/index.php?newsid=51> (10.02.03).

Ten Africa Tours. 2003. „Endgültige Schließung des Eros Flughafens am 7. Februar“. <http://www.tenafricatours.com/info/news/archiv/detail/index.php?newsid=58> (10.02.03).

Tenafricatours. „Dritter Etosha-Eingang eröffnet“. <http://www.tenafricatours.com/info/news/archiv/detail/index.php?newsid=60> (05.02.03.).

Tenafricatours. „Verwirrung im und ums Sossusvlei“. <http://www.tenafricatours.com/info/news/archiv/detail/index.php?newsid=68> (23.03.03).

The Bed & Breakfast Association of Namibia. <http://www.bed-breakfast-namibia.com/memberlist.html> (16.05.03).

The Namibia Economist. „Life after 11 September”. <http://www.economist.com.na/2002/28june/05-28-18.html> (11.06.03).

The Namibian Connection, Accomodation Directory. <http://www.orusovo.com/accommodation/default.htm> (16.05.03).

The Namibian, Windhoek. “Tourism Industry ‘Must Beef Up its Service’”.<http://allafrica.com/stories/200305040006.html> (11.06.03).

The Namibian, Windhoek. „Tourism Industry ‘Must Beef Up its Service’”. <http://allafrica.com/stories/200305040006.html> (11.06.03).

The Republic of Namibia. „ Namibia in a Nutshell, Main Towns and Population Figures“. <http://www.grnnet.gov.na/Nam_Nutshell/Land/Towns_Population.htm> (19.05.03).

Töpfer, Klaus: „Neue Wege gehen. Ein bewusster und nachhaltiger Umgang mit Energie tut not“. *FAZ,* 02.04.2003, S. B1-B2.

TOURISTIK R.E.P.O.R.T. „Namibia renoviert seinen Tourismus.“ <http://www.touristikreport.de/archiv/tba/archiv/afrika/960761486327873536.html> (06.05.03).

Travel Beyond. 2003. „Shongololo Express Dates and Rates“. <http://www.travelbeyond.com/trains/shongololo/dates-prices.htm> (18.03.03).

Trede, Christian. 2001. „Namibia: Wirtschaft“. <http://www.namibia-online.de/de/namibia/de_nam_wir.htm> (16.03.03).

TUI: „Afrika“. 2002/2003, S. 53.

Urban, Ilse: *Namibia – Land, Leute und Leben auf einer Farm.* Berlin: Frieling Verlag, 1996.

Vereinte Evangelische Mission. „Presse-Information. Die Kirchen in den Zeiten der AIDS-Pandemie. Fachtagung mit Podiumsdiskussion in Wuppertal.“ <http://www.vemission.org/index.html?/presse/pm2001/pm01-10-16.html> (02.04.03).

Vester, Heinz-Günter: *Jenseits der Erbsenzählerei. Der mögliche Beitrag der Soziologie zur Tourismusforschung.* S. 67-73. In: Isenberg, Wolfgang (Hg.): *Phänomen Tourismus. Interdisziplinäre Beiträge zur Erforschung des Reisens.* Bergisch Gladbach: Thomas-Morus-Akademie, 1998.

Vester, Heinz-Günter: *Tourismustheorie. Soziologische Wegweiser zum Verständnis touristischer Phänomene.* München/Wien: Profil-Verlag, 1999 (*Reihe Tourismuswissenschaftliche Manuskripte.* Bd. 6).

Vgl. Heussen, Sven. „Teure Lodge“. *Allgemeine Zeitung online,* 08.07.2002. <http://www.az.com.na/az/artikel/az-artikel.php4?rubrik=wirtschaft&artikelnummer=531> (07.05.2003).

Vgl. Namibiareservations. “Top 15 viewed 2002”. <http://www.namibiareservations.com/top15_2002d.html> (08.05.03).

Vista Verde News. „Überraschung: Konferenz lockert Verbot des Elfenbeinhandels – Wale geschützt“. <http://www.vistaverde.de/news/Natur/0211/15_cites.htm> (15.03.03).

Vorlaufer, Karl: *Ferntourismus und Dritte Welt.* Frankfurt a. M.: Diesterweg, 1984 (hrsg. v. Karger, Adolf: *Studienbücher Geographie*).

Vries, Johannes Lucas de: *Namibia. Mission und Politik 1880-1918. Der Einfluss des deutschen Kolonialismus auf die Missionsarbeit der Rheinischen Missionsgesellschaft im früheren Deutsch-Südwestafrika.* Neukirchen-Vluyn: Neukirchener Verlag, 1980.

Walvis Bay Corridor Group. <http://www.wbcg.com.na/> (17.03.03).

Weber, Ingeborg; Wiebus, Hans-Otto: *Namibia.* Köln: DuMont Reiseverlag, [5]2002.

Weck, Udo H.: *Tourismus Marketing aus namibischer Sicht.* S. 43-54. In: Lamping, Heinrich; Jäschke, Uwe (Hg.): *Namibia – Perspektiven und Grenzen einer touristischen Erschließung.* Frankfurt/Main: Selbstverlag des Institutes für Wirtschafts- und Sozialgeographie, 1994 (*Frankfurter Wirtschafts- und Sozialgeographische Schriften,* Heft 66).

Wolf, Klaus; Jurczek, Peter: *Geographie der Freizeit und des Tourismus.* Suttgart: Eugen Ulmer GmbH, 1986.

World Health Organization. „Selected health indicators fort his country“. <http://www3.who.int/whosis/country/indicators.cfm?country=nam> (17.03.03).

World Health Organization. „WHO Estimates of Health Personnel Namibia”. <http://www3.who.int/whosis/health_personnel/health_personnel.cfm> (17.03.03).

Zimmers, Barbara: *Geschichte und Entwicklung des Tourismus.* Trier: Selbstverlag der Geographischen Gesellschaft Trier, 1995. (hrsg. v. Becker, Christoph: *Trierer Tourismus Bibliographien,* Bd. 7).

Weitere Informationen zu diesem Thema finden Sie in: „Tourismus in Namibia“ von Cornelia Haldenwang.
ISBN: 978-3-638-01312-3
http://www.grin.com/de/e-book/87147/